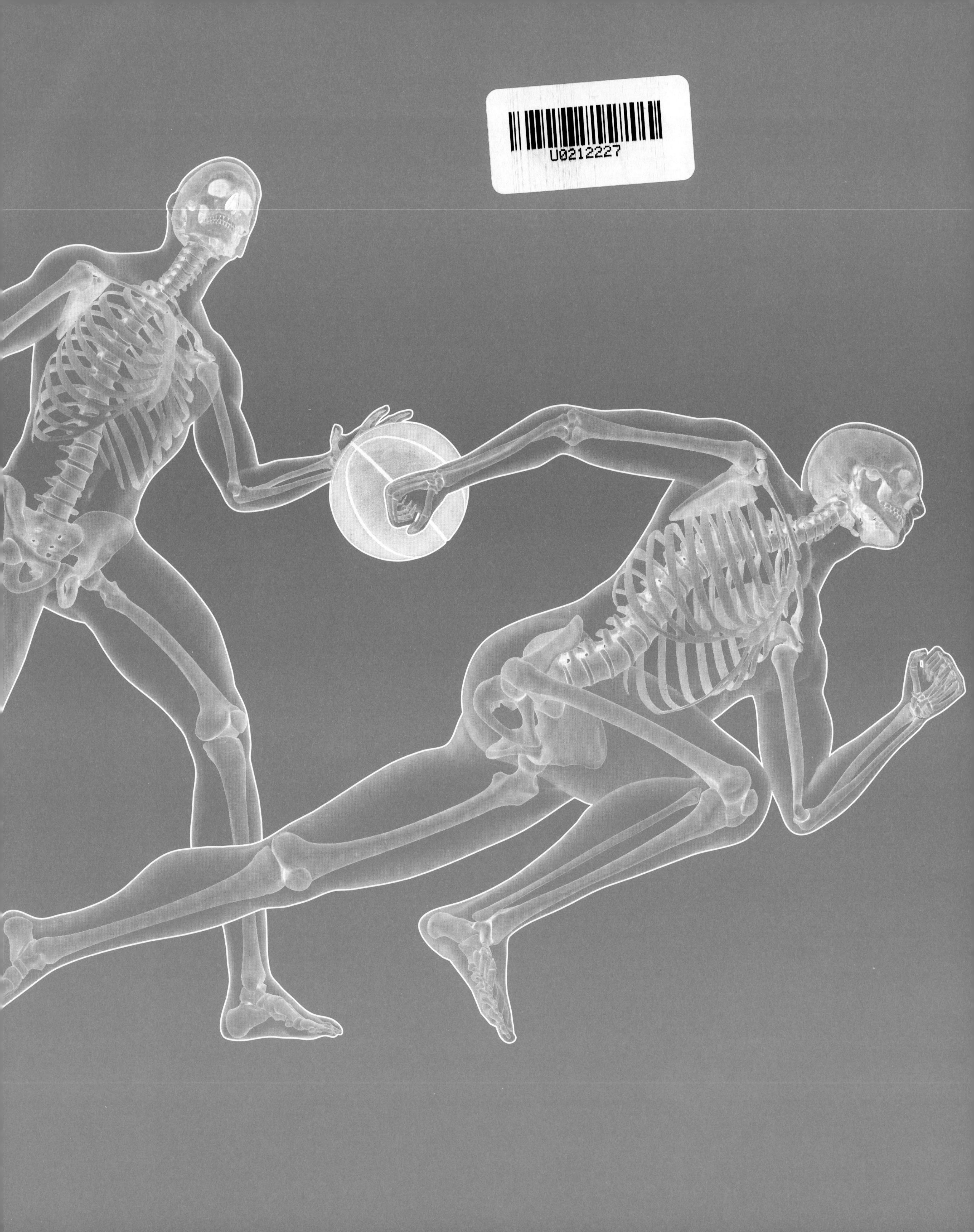

THE skeleton BOOK

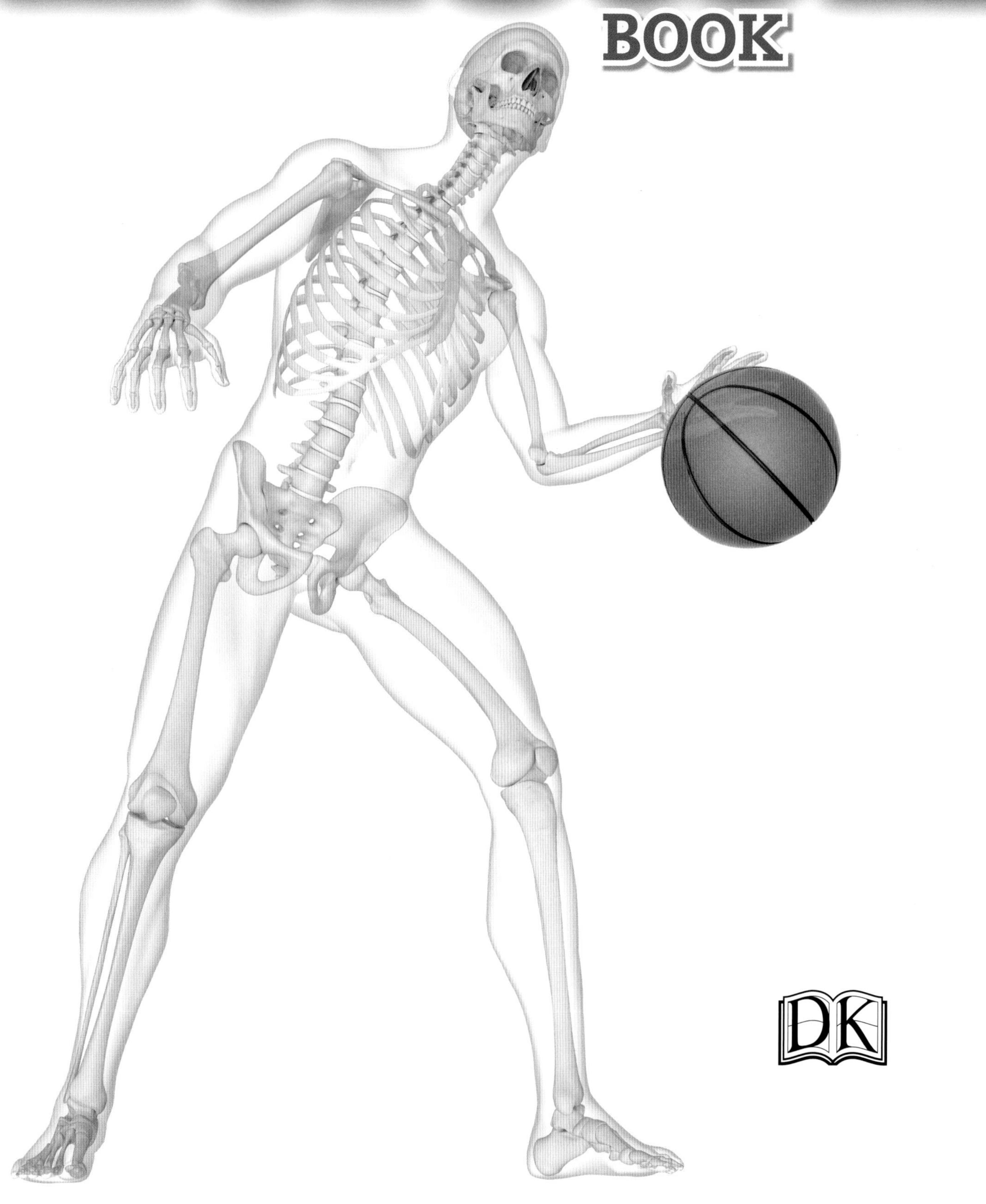

DK

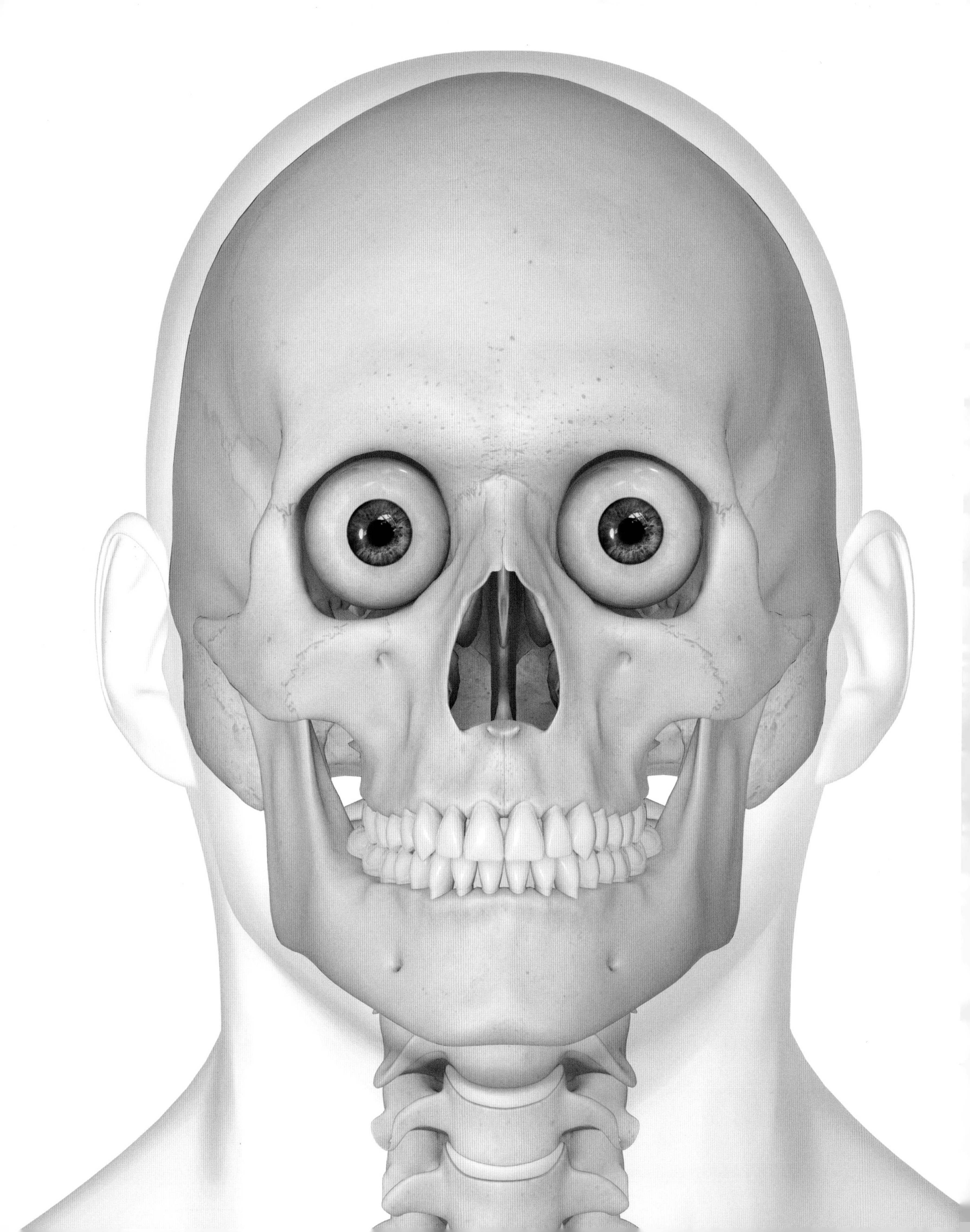

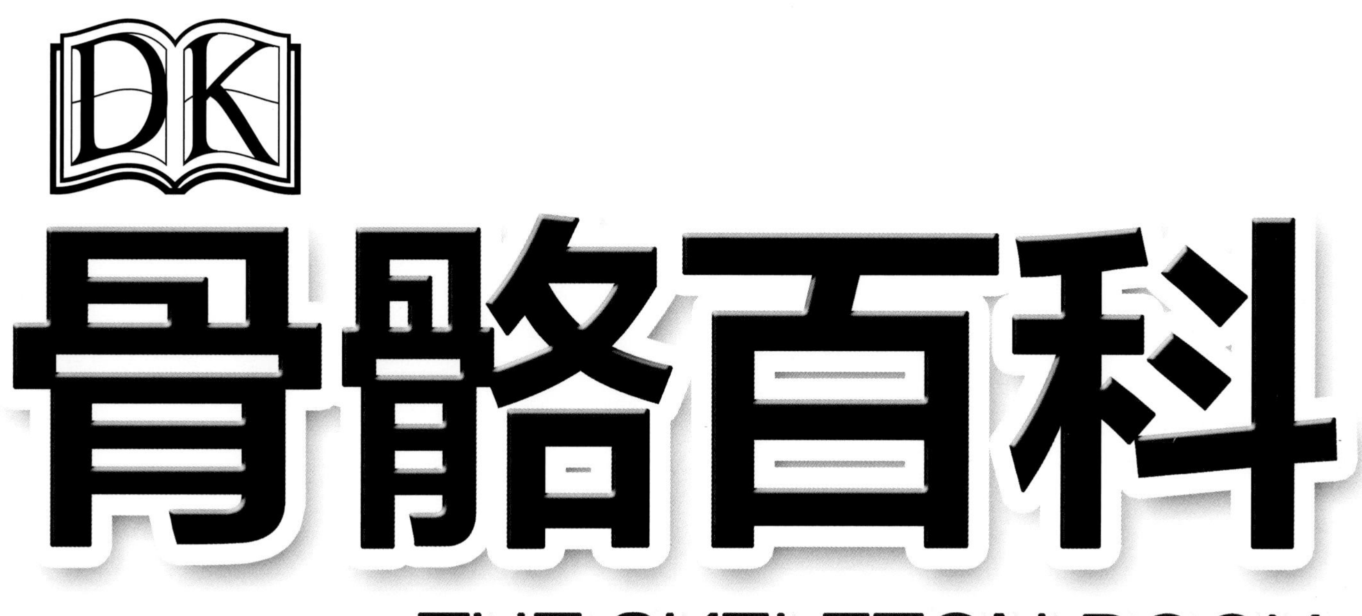
DK
骨骼百科
THE SKELETON BOOK

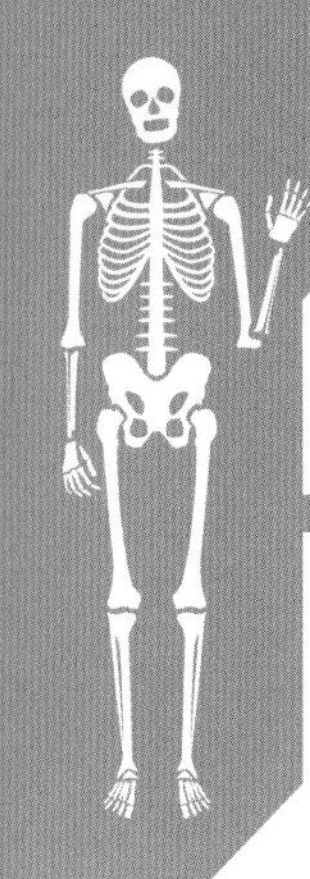

目 录

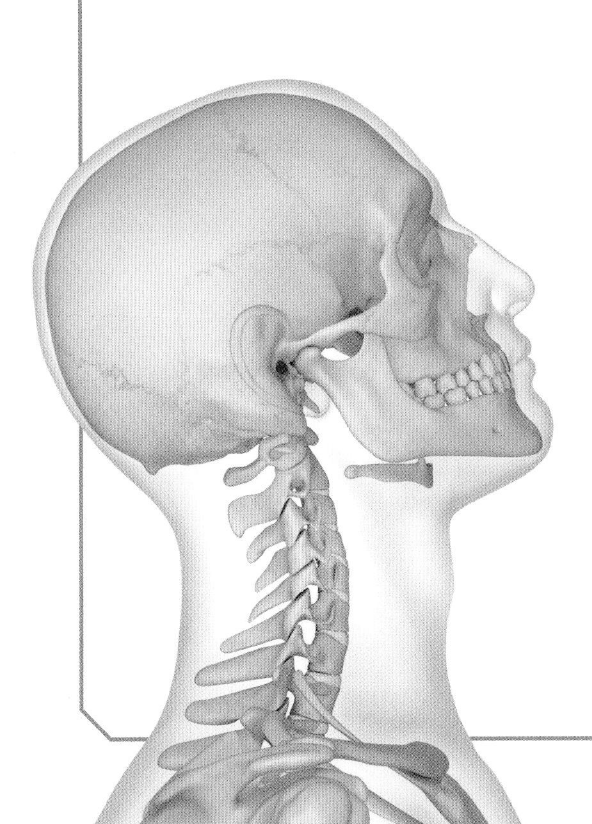

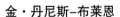

金·丹尼斯–布莱恩
著名古生物学家、解剖学家、哺乳动物学家，英国开放大学副教授，曾担任200多本科学书籍的顾问，撰写了大量科研论文和书籍。

本·加罗德
著名进化生物学家、灵长类动物学家，安格利亚鲁斯金大学教授。专注于对骨骼系统的研究。他策划制作了屡获殊荣的BBC系列节目《骨骼的奥秘》。

本·摩根
儿童科普图书的资深编辑和作者，曾获得五项英国皇家学会青少年图书奖，撰写《DK揭秘人体》一书。

艾丽斯·罗伯茨
著名解剖学家、人类学家，英国伯明翰大学教授。她为BBC制作了许多纪录片，包括《我们的起源》《BBC地平线系列：我们还进化吗》。她还撰写了《DK人类进化圣典》一书。

史蒂夫·帕克
资深编辑、科普作家、科学顾问。他撰写了200多本书，包括《人体信息图》《DK人体绘本》《DK儿童极限百科全书：人体极限》等。

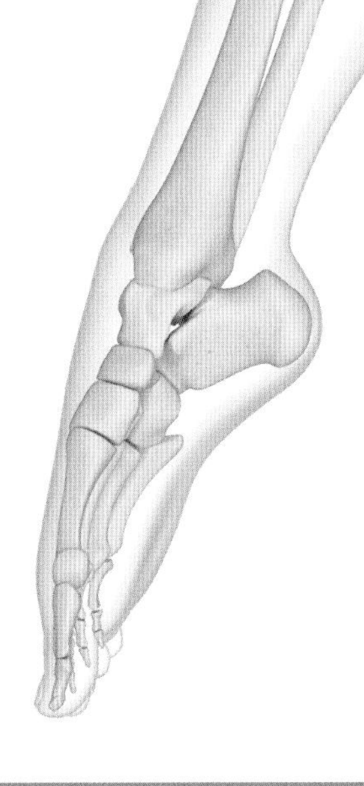

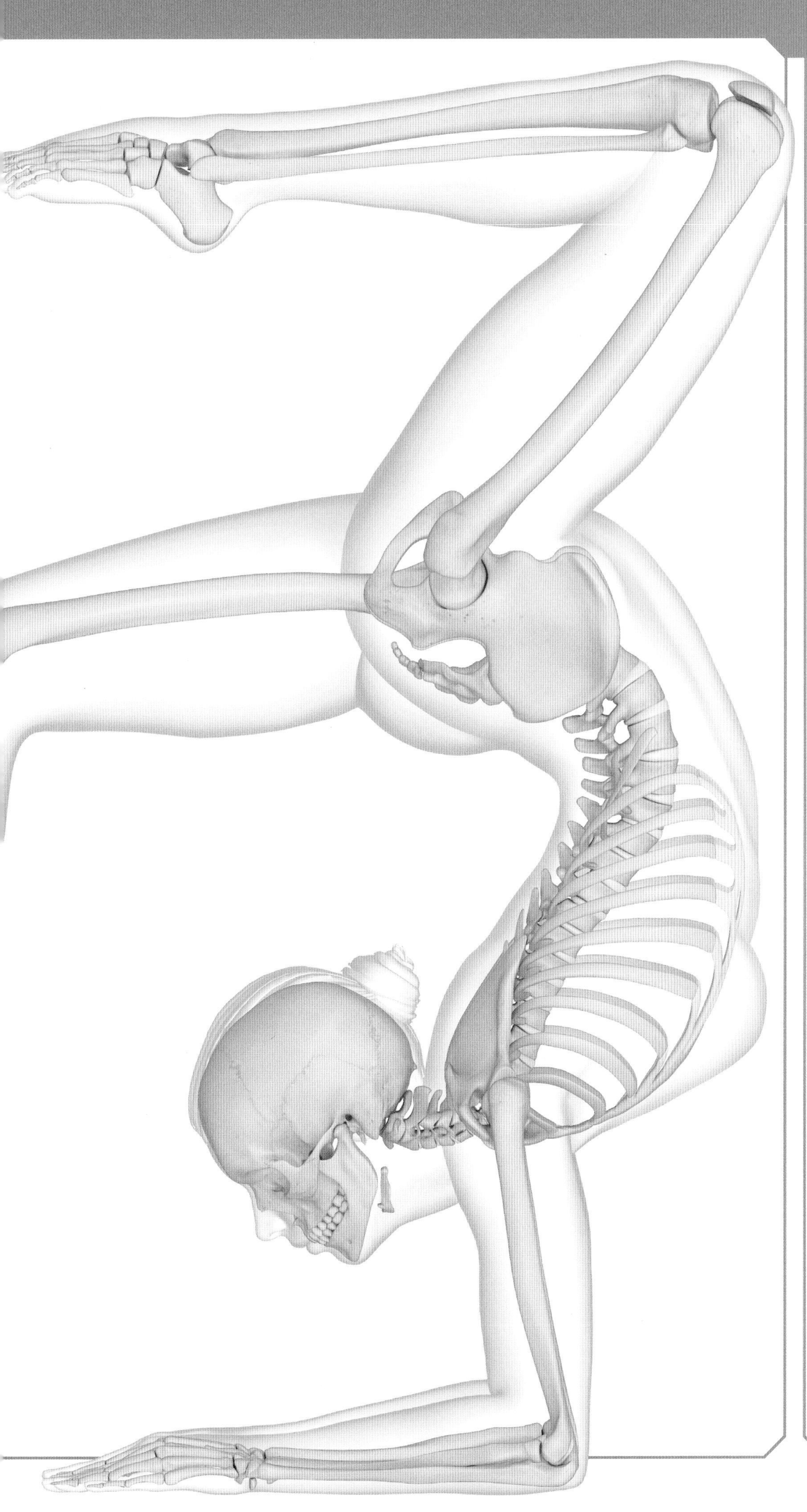

A Dorling Kindersley Book
www.dk.com
Original Title: The skeleton book

图书在版编目（C I P）数据
DK骨骼百科 / 英国DK公司编著；鸿志文化译. --
北京：北京联合出版公司, 2018.10（2019.10重印）
ISBN 978-7-5596-2578-6
Ⅰ. ①D… Ⅱ. ①英… ②鸿… Ⅲ. ①人体－骨骼－
儿童读物 Ⅳ. ①Q983-49
中国版本图书馆CIP数据核字(2018)第216267号
北京市版权局著作权合同登记号:
图字01-2018-6420号

DK骨骼百科

英国DK公司 编著　鸿志文化 译

策划统筹：王文洪
特约编辑：张雅妮
责任编辑：管　文
书籍设计：网智时代
出　　版：北京联合出版公司
北京市西城区德外大街83号楼9层
(100088)
发　　行：北京联合天畅文化传播公司
经　　销：新华书店
印　　刷：鹤山雅图仕印刷有限公司
规　　格：504毫米 ×301毫米
印　　张：9
字　　数：80千字
版　　次：2018年10月第1版
2019年10月第2次印刷
书　　号：978-7-5596-2578-6
定　　价：98.00元

一个思想的世界，有你我该知道的一切
www.dk.com

爱上 DK 爱上科学

前 言（Foreword）

当你看到一具骨架时，它的样子可能会吓到你。但别害怕，因为你的身体里也有一具骨架，它是你身体最重要的器官之一。经过数百万年的进化，我们的骨骼变得非常坚硬且轻巧。而且它并不是像看起来那样没有弹性，稍作弯曲也没有任何问题。若非如此，足球运动员的腿就会经常折断。

骨骼也是具有生命特征的，在你成长的过程中，它也会陪你一起成长。成骨细胞会产生固体矿物质，比如磷酸钙和一种叫作胶原的易降解蛋白质。假如你不幸骨折了，成骨细胞就会变得非常活跃。它们会忙着合成新骨，去除陈旧受损的骨，从而帮助你重回正常的生活。

如果你认为骨骼只是支撑身体的坚固支架，那就大错特错了。骨骼为我们做的远远不止这些。许多骨骼都是空心的，这空心的骨腔内充满了一种可以制造血液的胶状物，叫作骨髓。骨髓制造的红细胞帮助我们运输氧气，制造的白细胞帮助我们对抗感染，当你不小心被割伤的时候，骨髓制造的血小板还能帮助我们止血。

除此之外，我们的运动也离不开骨骼。如果你认真感知骨骼和运动的过程，你会发现这个过程非常迷人。来吧，将你的手臂抬起，掌心朝上，然后转动你的手，使得掌心朝下，再转回来。好好感受，在手转动的过程中，手腕里的小骨头正在悄无声息地滑过彼此。如果一台金属机器以类似的方式转动，肯定会发出叮当的声音或者相互摩擦的声音，如果运动得足够快的时候，还会因为摩擦而发热。但是我们的关节在运动的过程中，既不会发出噪声，也不会发热。

不过，如果你到了和我一样大的年纪，你的关节也可能会有点嘎吱作响，因为我们的骨骼和关节也会随着年龄的增长而出现退行性变。当然，外科医生可以用金属关节代替磨损的关节，但人工膝关节或髋关节怎么也比不上人体自身的关节。你知道吗？当你的肌肉变得更强壮时，你的骨骼也会变得更加粗壮和结实。所以良好的饮食习惯和有规律的锻炼可以一定程度减缓骨骼和关节的退行性变。

你的骨骼是自然进化的奇迹，是无与伦比的精密结构。好好保护它，它将要陪伴你度过一生。

When you see a skeleton, its strange face may seem a bit scary. But the hundreds of bones inside you are among the most extraordinary organs in your body. Evolved over millions of years, they are extremely strong, yet despite this strength, amazingly light. They are not completely rigid though – they are flexible enough to bend just a little. If they didn't, footballers would constantly suffer broken legs.

Bones are not lifeless. They grow as you get bigger because bone-creating cells make solid minerals such as calcium phosphate and a flexible protein called collagen. If you break a bone, these cells become very active. They repair the break by making new bone and by removing older, damaged bone.

We think of the skeleton as a solid scaffold that supports the body, but bones do more than that. Many of them are hollow, and the gaps inside are filled with marrow – a fluid jelly that manufactures blood. It makes the red blood cells that carry oxygen around your body, the white blood cells that fight infection, and the platelets that make blood clot when you cut yourself.

The movement of the skeleton is particularly fascinating. Try extending your arm and turning your hand from left to right and back. As it twists, the small bones inside your wrist slide smoothly and silently over each other. Imagine a metal machine moving in a similar way. There might be clanking or scraping sounds, and if the movements were fast enough, the metal would get hot because of friction. But your joints make no noise or heat.

It's true that if you're quite elderly, like me, your joints may creak a bit, but generally our bones and joints only begin to deteriorate when we get much older. Surgeons can replace worn joints with metal ones, but no artificial knee or hip is ever as good as a natural joint. We can prevent the deterioration to some extent. A good diet and regular exercise keep bones strong – when your muscles get stronger, your bones grow thicker and stronger too.

Your skeleton is a miracle of nature and a precision instrument that no man-made machine can match. Look after it well and it will last you a lifetime.

英国皇家工程院荣誉院士
英国帝国理工学院生命科学系教授
罗伯特 · 温斯顿

Robert Winston.

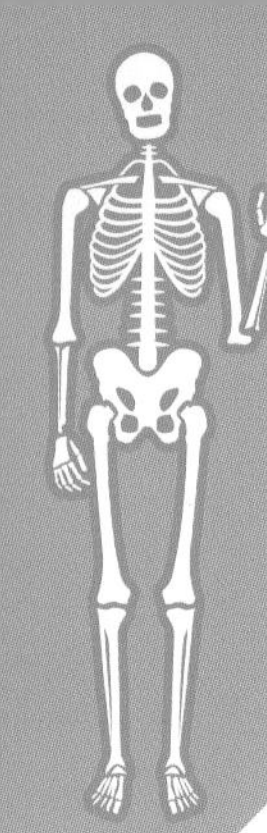

为什么我们需要骨骼

如果没有骨骼支撑你的身体，你便无法站立，更无法运动。200多块骨骼与600多块肌肉协作，构建了一个充满力量的框架结构，让你能够站立、行走、跳跃、蹲下，骑单车，甚至写下自己的名字。你的骨骼也能保护你脆弱的内脏免受伤害，骨骼内部还储有骨髓，骨髓每天可以制造近两千亿个新鲜血细胞。

骨与骨之间的关节使得骨架可以活动，假如没有关节，你的骨架便会如同雕像一样僵硬。

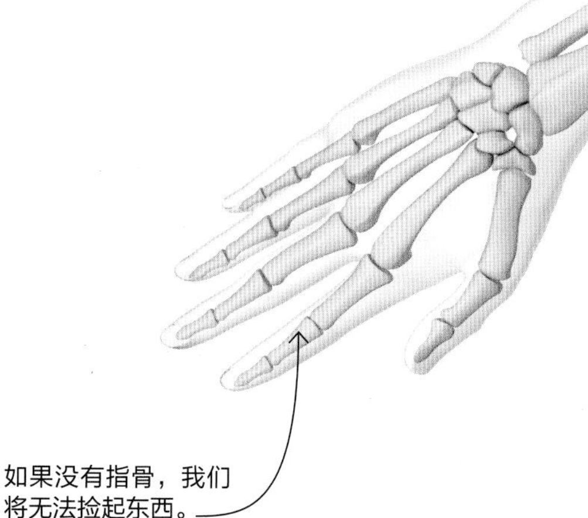

如果没有肋骨构建的胸部框架，你将无法呼吸。

如果没有指骨，我们将无法捡起东西。

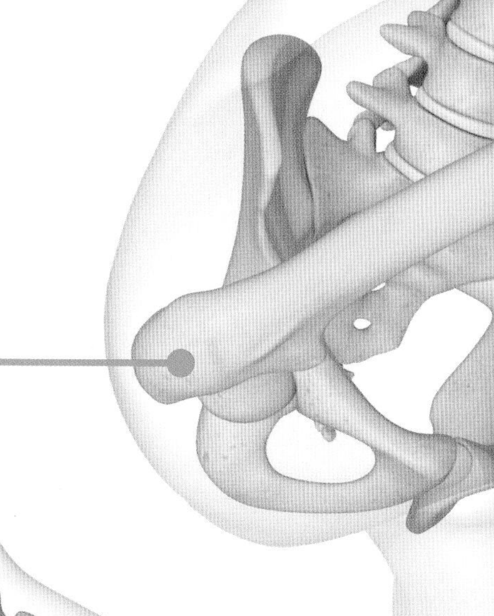

支撑作用

骨骼支撑着我们的身体，其中撑起身体大部分重量的是脊柱，我们的脊柱由30多块椎骨连接而成。

成人大约有206块骨骼，婴儿却有300多块骨骼。这是因为随着身体发育，一些骨骼会闭合。

附着点

你的骨骼为韧带和肌腱提供附着点。韧带将相邻的骨骼连接在一起，肌腱将肌肉和骨骼“绑”在一起。肌肉收缩时，会通过肌腱牵拉骨骼。

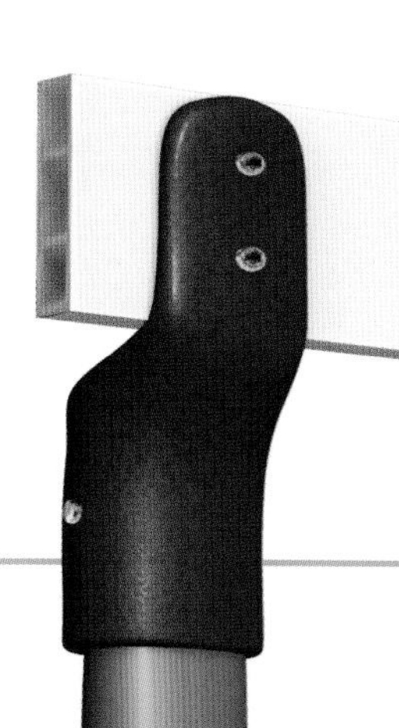

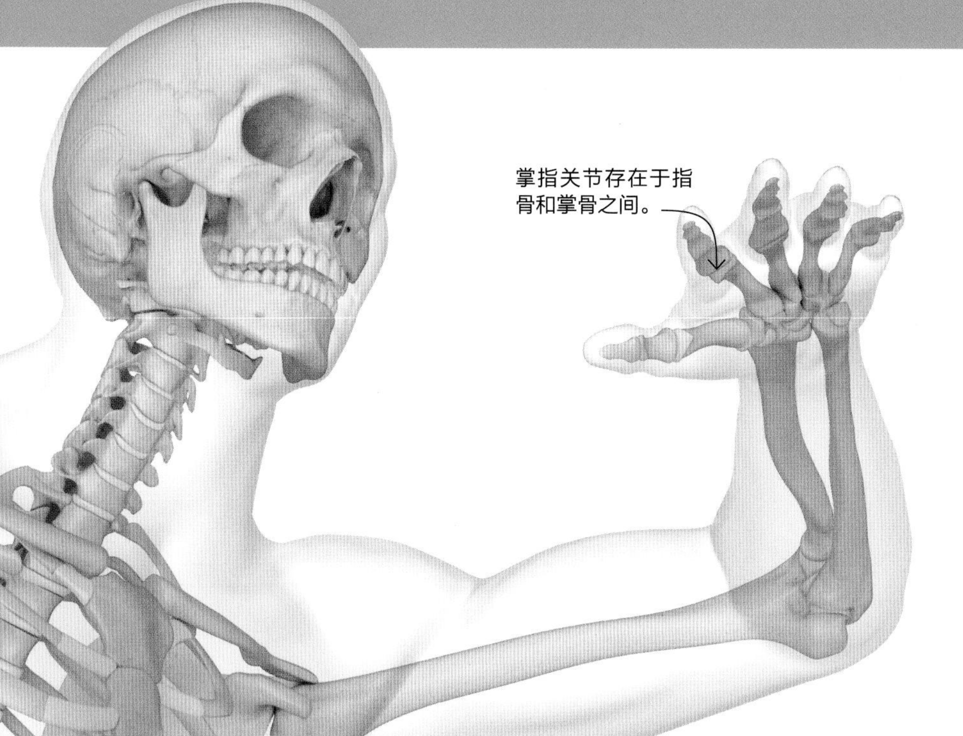

运动功能

覆盖在你骨骼上的骨骼肌是你体内主要的肌肉群，它们通过牵拉骨骼来工作。关节的存在让骨骼变成了一个杠杆系统。

保护作用

一些骨骼保护着你的重要器官免受伤害。例如，肋骨在你的心脏和肺外部形成了一个保护框架。

如果没有足骨，你将无法行走、跑步和跳跃。

跟骨位于腿后部，是跑步肌肉群的附着点。

进化中的骨骼

骨骼进化各式各样，一些动物的骨骼和我们一样存在于体内，但还有一些动物的骨骼则在体外。而软体动物的骨骼则是液状的。

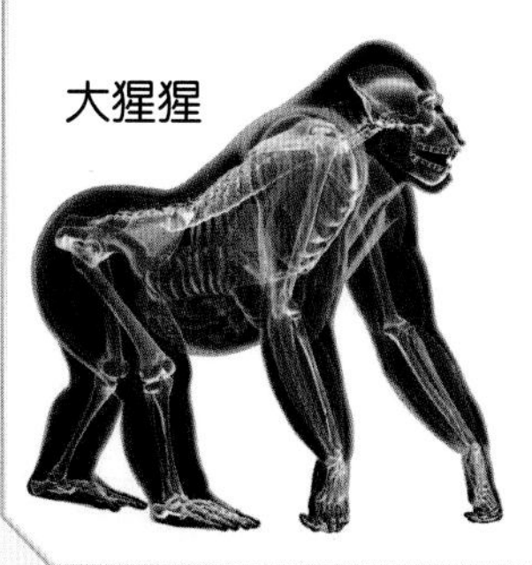
大猩猩

内骨骼

我们将存在于体内的骨骼称为内骨骼。几乎所有的大型动物都有一具由数百块骨头组成的内骨骼，而内骨骼由一条贯穿身体的脊柱支撑。有脊柱的动物彼此间有一定的亲缘关系，统称为脊椎动物。

液体骨骼

水母、蠕虫、海葵和一些软体动物有一个由液腔构成的骨架（静水骨骼）。液腔周围的肌肉通过挤压液体改变身体的形状，借此移动身体。

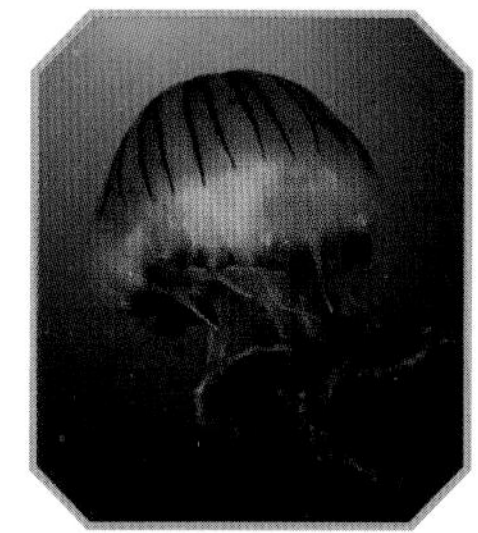
罗盘水母

帝王蝎

外骨骼

昆虫、蜘蛛、蝎子和其他许多小动物都有像盔甲一样的外骨骼。这些外骨骼有关节，可以帮助身体移动。为了长大，这类动物不得不时常“脱”掉它们的外骨骼（这个过程叫作蜕皮）。

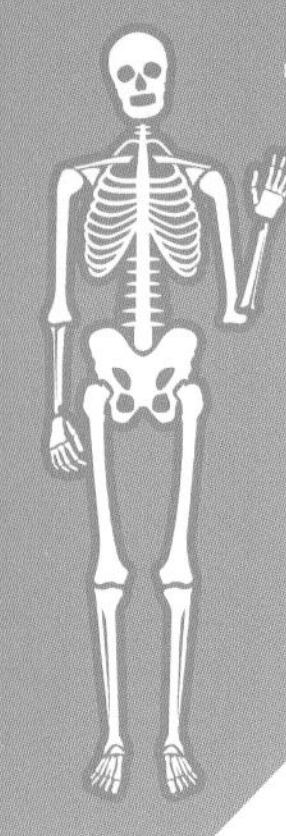

从水中离开

地球生命史上最伟大的一步就是脊椎动物进化出了腿。科学家认为，腿是由鱼用于在浅水区爬行的肌肉鳍进化而来的。随着时间的推移，鱼鳍变得越来越强壮，直到可以支撑它们并使它们能够从水中离开，生活在陆地上。鱼类是现存所有陆生脊椎动物，包括人类的祖先。

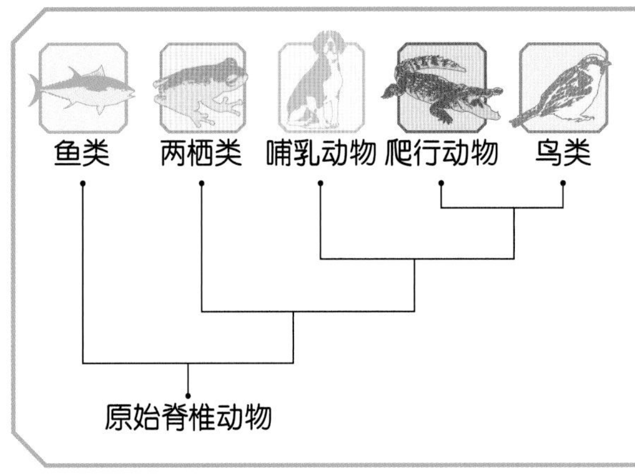

进化系谱图

脊椎动物通常分为五大类：鱼类、两栖类、哺乳动物、爬行动物和鸟类。这里的进化系谱图展示了它们如何从同一祖先进化而来以及相互之间的关联。两栖动物、哺乳动物、爬行动物和鸟类组成了一组特殊的脊椎动物，它们都有四肢，科学家称其为四足动物。

骨骼的演化

人类只是64000多种脊椎动物中的一员。所有脊椎动物的骨架都有一个共同的特征：一条贯穿身体的脊柱和一个位于脊柱前端的头部。脊椎动物被认为是从大约5亿年前的蠕虫类海洋生物进化而来的。从那时起，进化以各种令人惊叹的方式重塑了它们的骨骼，从而出现了地球上最大、最快、最聪明的动物，它们可以行走、游泳或飞翔。

鱼类

鱼类的骨骼通常很脆弱，因为它们的一部分体重是靠浮力支撑的。大多数鱼类靠身体侧面的肌肉摆动脊柱和尾巴来游动。它们没有四肢，而是靠鱼鳍来控制运动的方向。

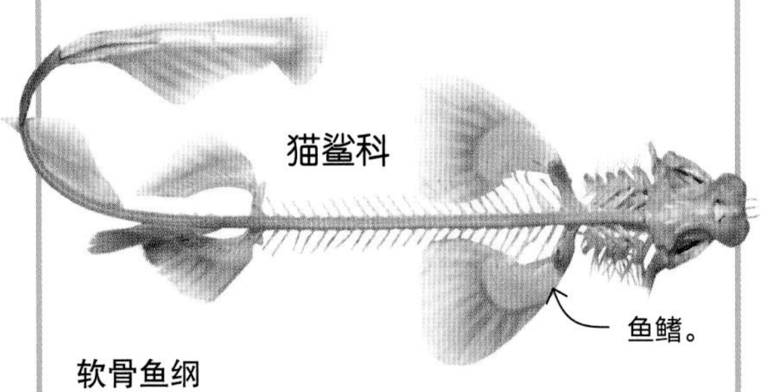

软骨鱼纲

鲨鱼属于软骨鱼纲，因为它们的骨架不是骨质结构而是软骨结构——一种坚韧、柔软的组织，这种组织同样存在于我们的耳朵、鼻子和关节内。

硬骨鱼纲

绝大多数鱼类的骨骼由含钙的矿物质硬化而成，科学家将这些鱼归类到硬骨鱼纲。这些鱼大多属于辐鳍亚纲，它们的鱼鳍由许多细长的骨骼组成。

两栖动物

成年的两栖动物有腿，它们可以在陆地上行走。但幼年的两栖动物没有腿，而且只能像鱼一样用鳃呼吸。大多数两栖动物一生中的一部分甚至全部时间都在水中度过，它们通常将卵产在水中。

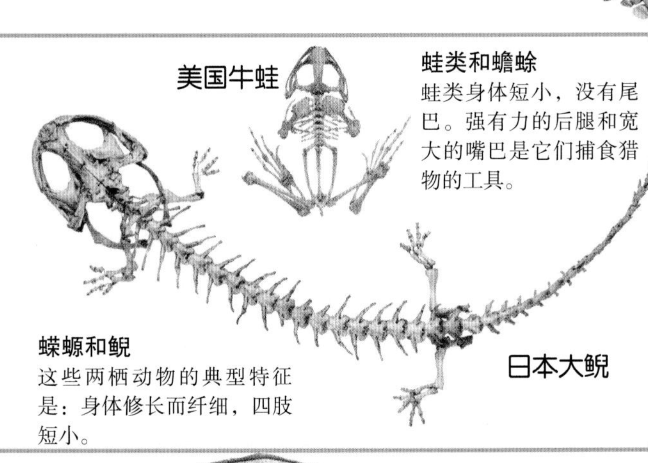

蛙类和蟾蜍

蛙类身体短小，没有尾巴。强有力的后腿和宽大的嘴巴是它们捕食猎物的工具。

蝾螈和鲵

这些两栖动物的典型特征是：身体修长而纤细，四肢短小。

爬行动物

爬行动物比两栖动物更适应陆地生活。爬行动物的骨骼形状类似于蝾螈，但它们有坚硬的鳞片。它们产的卵有保护壳，离开水也可以存活。

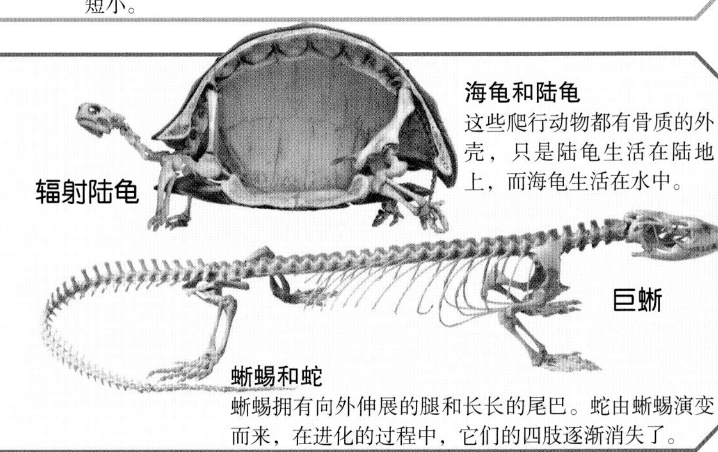

海龟和陆龟

这些爬行动物都有骨质的外壳，只是陆龟生活在陆地上，而海龟生活在水中。

蜥蜴和蛇

蜥蜴拥有向外伸展的腿和长长的尾巴。蛇由蜥蜴演变而来，在进化的过程中，它们的四肢逐渐消失了。

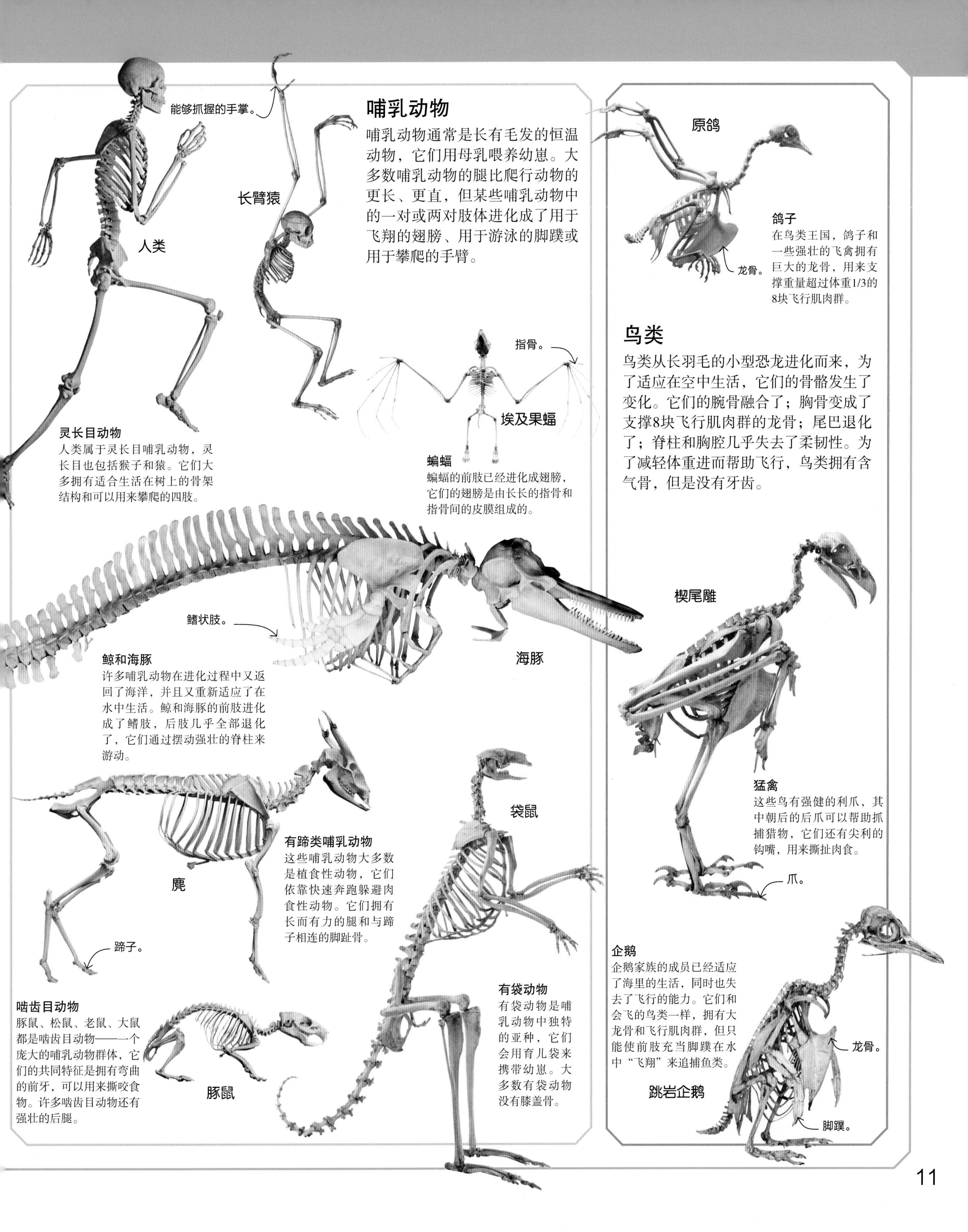

哺乳动物

哺乳动物通常是长有毛发的恒温动物，它们用母乳喂养幼崽。大多数哺乳动物的腿比爬行动物的更长、更直，但某些哺乳动物中的一对或两对肢体进化成了用于飞翔的翅膀、用于游泳的脚蹼或用于攀爬的手臂。

灵长目动物
人类属于灵长目哺乳动物，灵长目也包括猴子和猿。它们大多拥有适合生活在树上的骨架结构和可以用来攀爬的四肢。

蝙蝠
蝙蝠的前肢已经进化成翅膀，它们的翅膀是由长长的指骨和指骨间的皮膜组成的。

鲸和海豚
许多哺乳动物在进化过程中又返回了海洋，并且又重新适应了在水中生活。鲸和海豚的前肢进化成了鳍肢，后肢几乎全部退化了，它们通过摆动强壮的脊柱来游动。

有蹄类哺乳动物
这些哺乳动物大多数是植食性动物，它们依靠快速奔跑躲避肉食性动物。它们拥有长而有力的腿和与蹄子相连的脚趾骨。

啮齿目动物
豚鼠、松鼠、老鼠、大鼠都是啮齿目动物——一个庞大的哺乳动物群体，它们的共同特征是拥有弯曲的前牙，可以用来撕咬食物。许多啮齿目动物还有强壮的后腿。

有袋动物
有袋动物是哺乳动物中独特的亚种，它们会用育儿袋来携带幼崽。大多数有袋动物没有膝盖骨。

鸽子
在鸟类王国，鸽子和一些强壮的飞禽拥有巨大的龙骨，用来支撑重量超过体重1/3的8块飞行肌肉群。

鸟类

鸟类从长羽毛的小型恐龙进化而来，为了适应在空中生活，它们的骨骼发生了变化。它们的腕骨融合了；胸骨变成了支撑8块飞行肌肉群的龙骨；尾巴退化了；脊柱和胸腔几乎失去了柔韧性。为了减轻体重进而帮助飞行，鸟类拥有含气骨，但是没有牙齿。

猛禽
这些鸟有强健的利爪，其中朝后的后爪可以帮助抓捕猎物，它们还有尖利的钩嘴，用来撕扯肉食。

企鹅
企鹅家族的成员已经适应了海里的生活，同时也失去了飞行的能力。它们和会飞的鸟类一样，拥有大龙骨和飞行肌肉群，但只能使前肢充当脚蹼在水中“飞翔”来追捕鱼类。

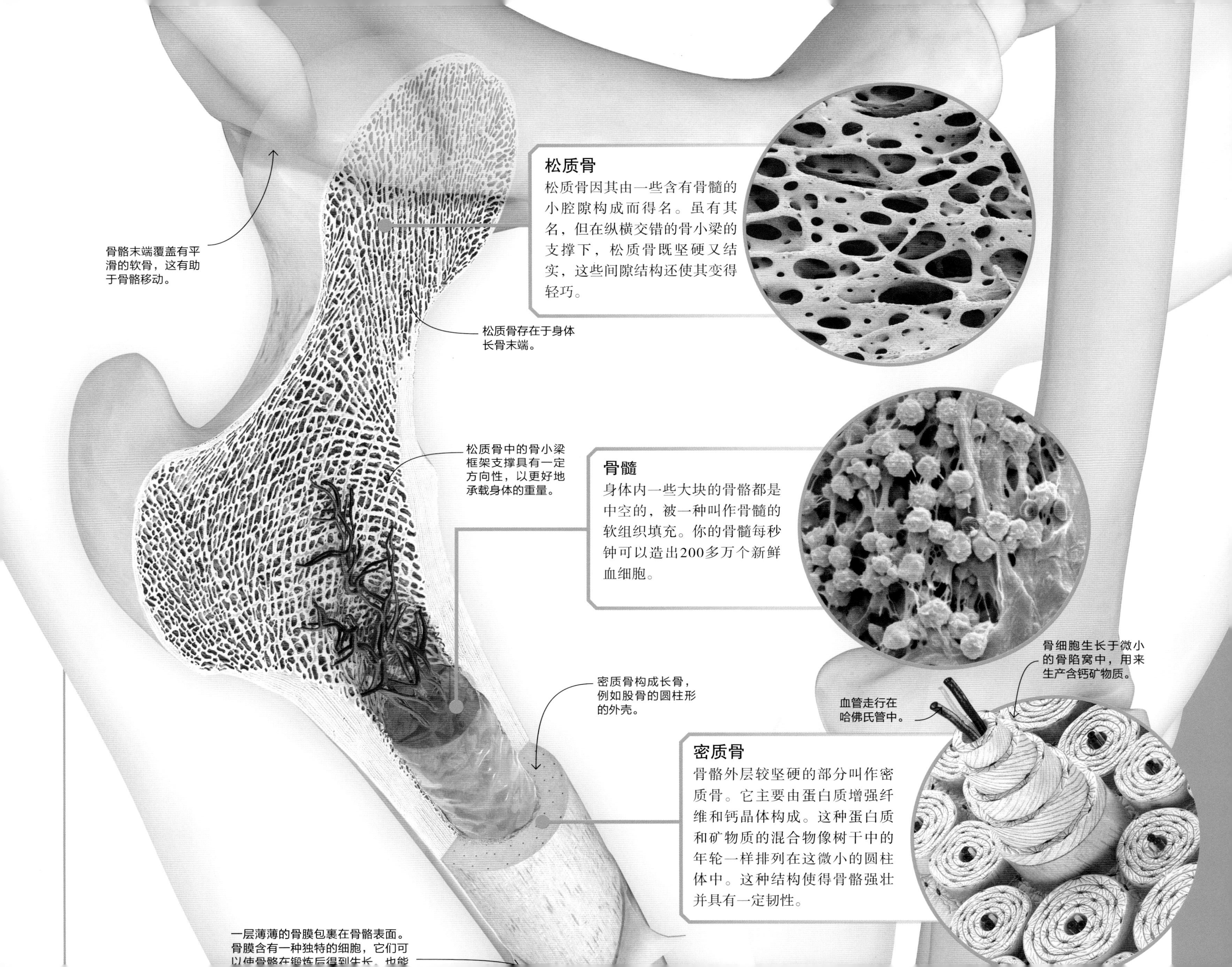

骨骼末端覆盖有平滑的软骨，这有助于骨骼移动。
松质骨存在于身体长骨末端。
松质骨中的骨小梁框架支撑具有一定方向性，以更好地承载身体的重量。
密质骨构成长骨，例如股骨的圆柱形的外壳。
骨细胞生长于微小的骨陷窝中，用来生产含钙矿物质。
血管走行在哈佛氏管中。
一层薄薄的骨膜包裹在骨骼表面。骨膜含有一种独特的细胞，它们可

松质骨

松质骨因其由一些含有骨髓的小腔隙构成而得名。虽有其名，但在纵横交错的骨小梁的支撑下，松质骨既坚硬又结实，这些间隙结构还使其变得轻巧。

骨髓

身体内一些大块的骨骼都是中空的，被一种叫作骨髓的软组织填充。你的骨髓每秒钟可以造出200多万个新鲜血细胞。

密质骨

骨骼外层较坚硬的部分叫作密质骨。它主要由蛋白质增强纤维和钙晶体构成。这种蛋白质和矿物质的混合物像树干中的年轮一样排列在这微小的圆柱体中。这种结构使得骨骼强壮并具有一定韧性。

骨骼原来如此奇妙！

骨骼中的含钙矿物质使其坚硬，但有一种叫作胶原蛋白的纤维蛋白质却使骨骼具有一定韧性。为了一探究竟，我们把鸡腿骨浸在醋酸里，醋酸会溶解骨头中的钙，留下蛋白质成分。几天后，把骨头取出，用清水冲洗，它便会像橡胶一样柔韧。倘若用肋骨做实验，你甚至可以将其打上一个结。

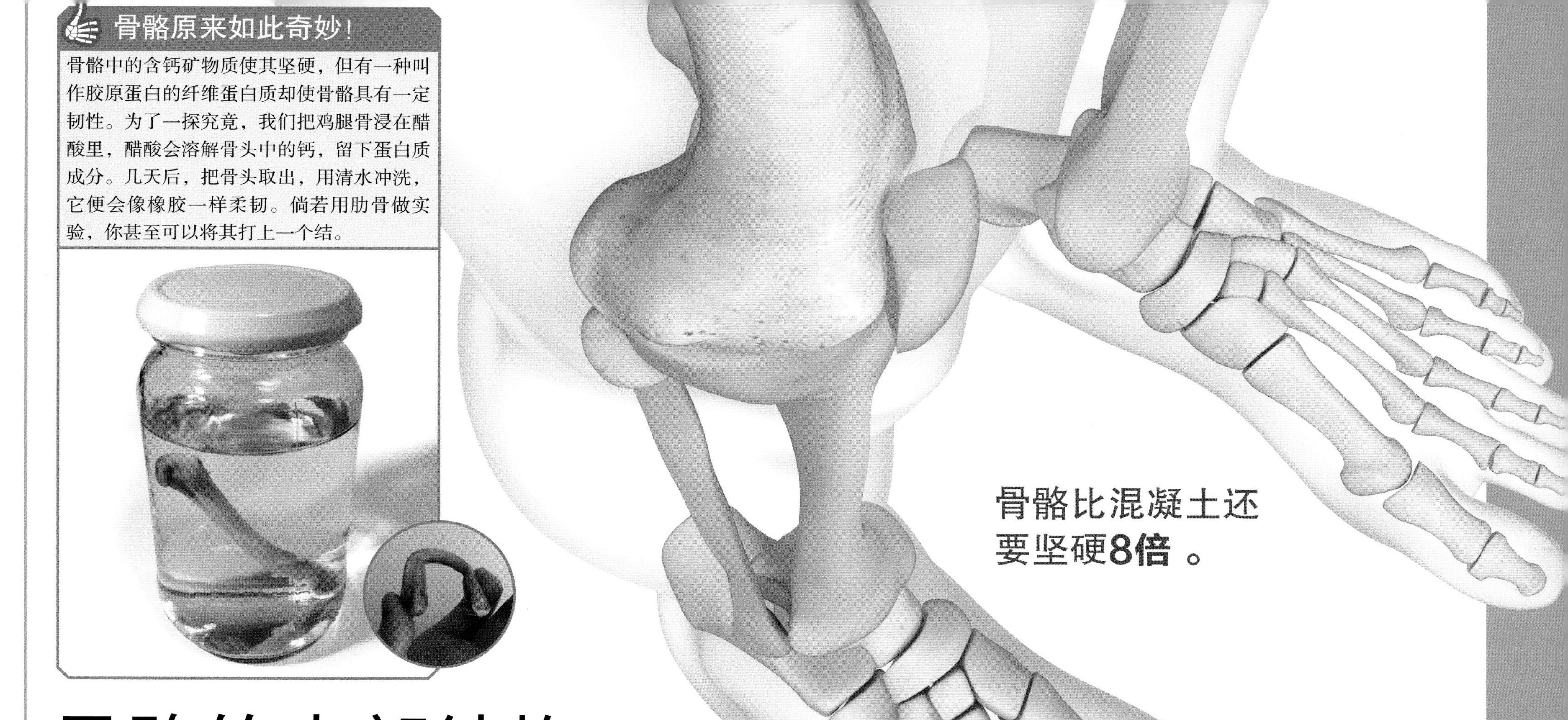

骨骼比混凝土还要坚硬**8倍**。

骨骼的内部结构

想象你拥有一双透视眼，能够透过大腿观察股骨——人体内最长的骨骼。你会发现，虽然骨骼从外表看起来像实心的，但其内部却布满蜂巢状的小孔，充满着一些其他组织，例如骨髓。骨骼只有外层是致密结实的，即便如此，骨骼外层也含有细小的血管通道和供骨细胞生长的微小骨陷窝。骨骼和牙齿都很坚硬，因为它们含有磷酸钙晶体，但和坚硬而缺乏韧性的牙齿不同的是，骨骼具有一定的弹性。

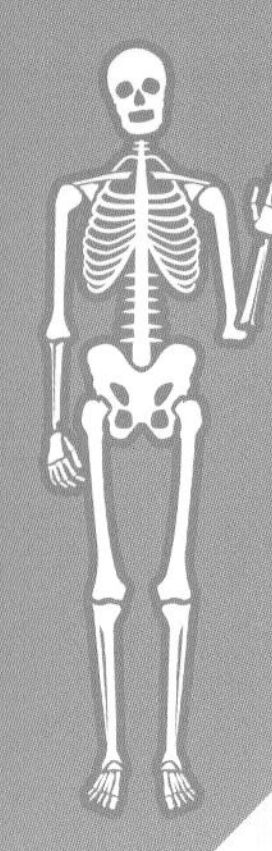

骨架的形成

婴儿颅骨的骨块间有个大的间隙叫作囟门，囟门直到婴儿18个月大的时候才会慢慢闭合。

你的骨架结构在你出生前8个月就开始形成，那时你还没有一颗米粒大。最开始骨架由软骨构成——这种坚韧、有弹性的组织在你长大后仍然构成了你鼻子和耳朵的轮廓。随着你的生长，软骨逐渐被骨质取代。这一过程从你还在妈妈的子宫内开始，一直持续到青少年时期。

10周

宝宝的骨架大部分由软骨构成，但是在肋骨、下颌骨以及腿和手臂骨骼中部，骨质（红色部分）开始替代软骨（蓝色部分）。

17周

宝宝的骨骼、关节、肌肉已经足够成熟，可以开始活动身体。这就是妈妈第一次感受到胎动的时候。

30周

宝宝的骨架结构已形成，但是大部分骨架仍然包含软骨成分，例如腕关节、踝关节、髋关节、膝关节等。颅骨和骨盆直到出生后很久才会慢慢融合在一起。

颅骨的骨块间是分离的，这样在宝宝进入产道，头部受到挤压时，骨块可以重叠，使头部体积缩小，更易通过产道。

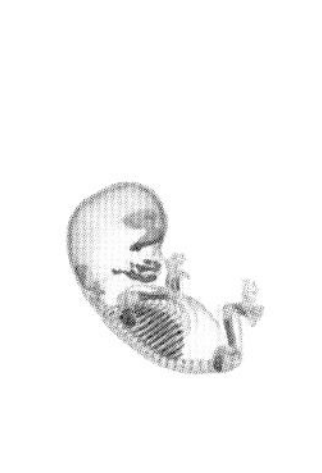

实际大小

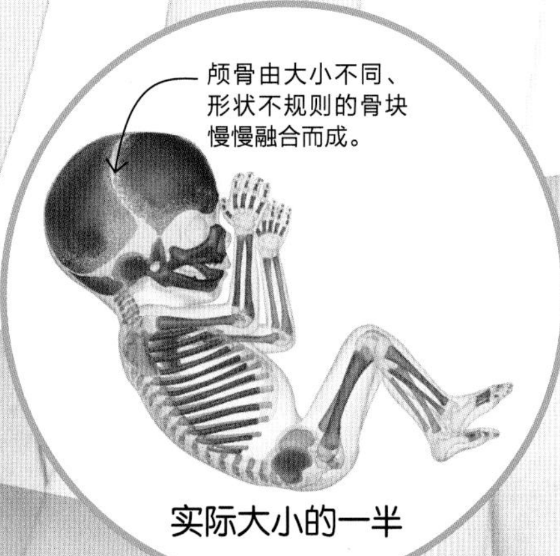

颅骨由大小不同、形状不规则的骨块慢慢融合而成。

实际大小的一半

手是如何形成的

当我们才4毫米长时，我们的肢体就从微小的桨状胚胎肢芽开始生长。肢体末端的部分细胞开始程序性死亡，手指和脚趾逐渐形成。手指最早形成，脚趾在几天后才慢慢出现。

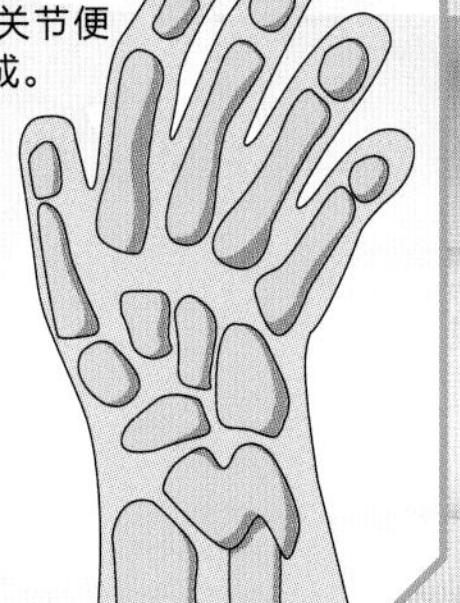

7周
8周
9周
10周
胚胎肢芽。
细胞在这4个部位程序性死亡而形成手指和脚趾。
最早形成的指骨是软骨结构。
间隙出现后不久指间关节便开始形成。

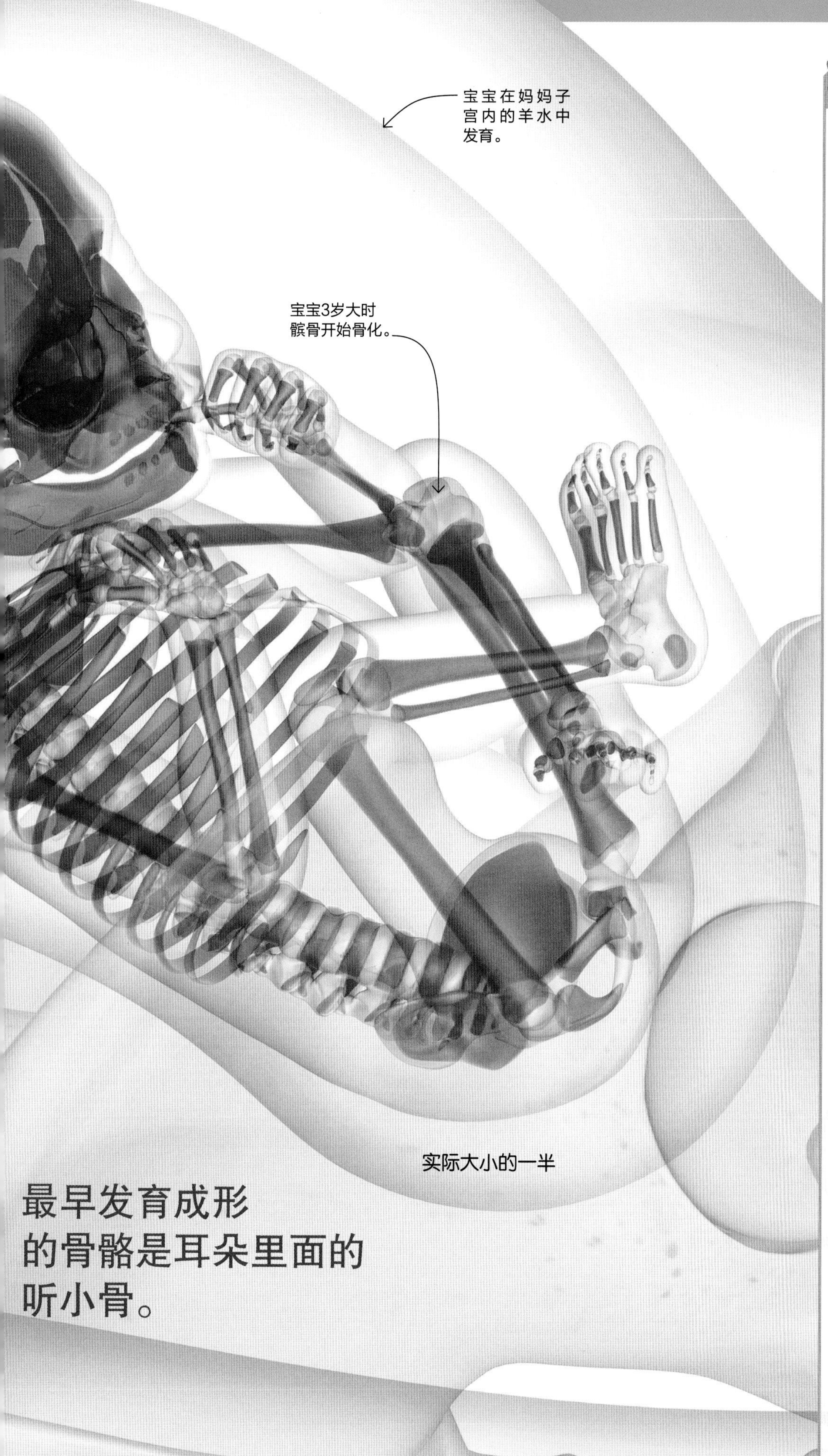

宝宝在妈妈子宫内的羊水中发育。
宝宝3岁大时髌骨开始骨化。
实际大小的一半

最早发育成形的骨骼是耳朵里面的听小骨。

进化中的骨骼

所有脊椎动物最初的发育过程都是差不多的，它们由单个细胞发育成有头部和脊柱的胚胎。随着骨架逐渐成形，各种骨骼以不同的速度生长，赋予每种动物独特的身体外形以适应它们各自的生活方式。

蝙蝠宝宝

蝙蝠的翅膀常常在它们面部上方发育，这样是为了让它们长长的翅骨有更大的生长空间。为了展示骨架的生长过程，我们用两种颜色来标记蝙蝠的胚胎。蓝色表示软骨，红色表示骨质。和人类胎儿一样，它们的关节也是由软骨组成的。

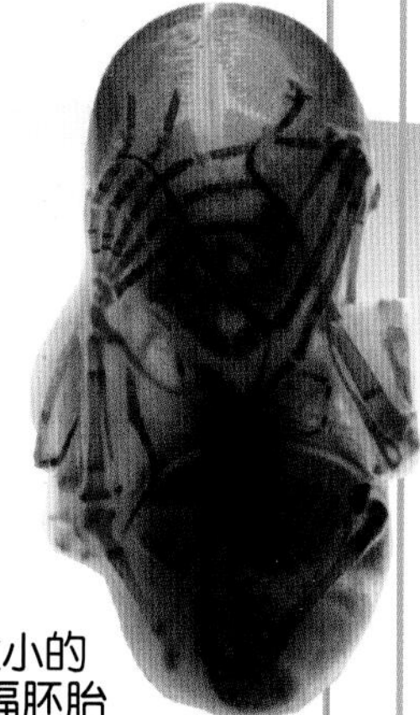

20周大小的长腿蝙蝠胚胎

鼠宝宝

未出生老鼠的下颌、脊柱和前腿已经是骨质，但是它们的后腿和爪子仍然是软骨。老鼠的胎儿发育得很快，它们在子宫中仅待3周，但是它们出生时很弱小，没有胎毛，也没有视觉。

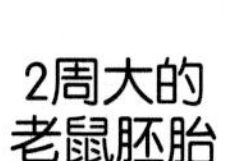

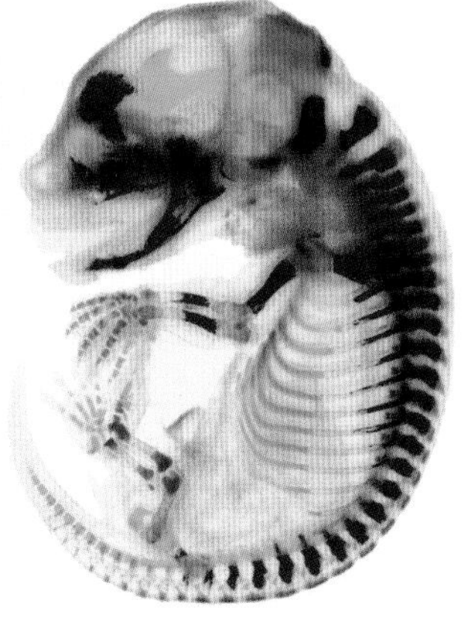

2周大的老鼠胚胎

鳄鱼蛋

很多爬行动物和鸟类是由妈妈生到体外的蛋孵化而来的。蛋壳提供骨骼生长所需的含钙矿物质，小鳄鱼在蛋中生长大约12周后才会破壳而出。

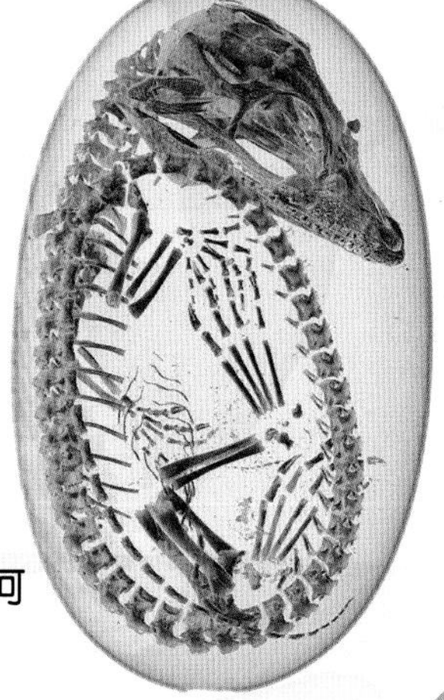

12周大的尼罗河鳄鱼胚胎

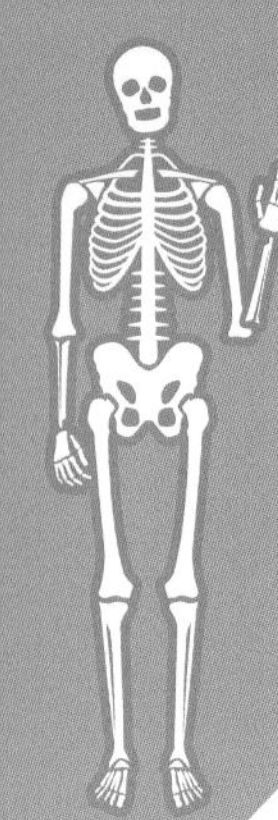

骨架的生长

婴儿的骨架不只是成人骨架的迷你版本。事实上，婴儿的很多“骨骼”都不是由骨质而是由软骨——一种可以生长的柔软组织构成的。在你出生前，你的大部分骨架由软骨构成，随着年龄的增长，软骨逐渐被骨质取代。在整个童年时期，软骨区域在骨架的关键部位保持活跃生长，使你的骨骼变长。但是当你到了二十几岁的时候，激素就会杀死这些软骨细胞，你的骨骼便停止了生长。

生长板

骨骼的生长倚靠特殊的软骨生长板，在显微镜下，深蓝色代表快速分裂的软骨细胞。老化的细胞堆积在下层（浅蓝色）使骨干延长。接着老化的细胞死去（粉红色层）并逐渐被骨细胞取代。

生长激素

骨骼的生长是由在血液中循环的激素控制的。其中最重要的是生长激素，它由你的大脑释放，可以使骨骼的生长板更加活跃，使青少年时期骨骼变长。在十几岁时，生长激素的剧增会使你的身高“突飞猛进”。

罗伯特·瓦德罗，身高2.7米，是史上最高的人。异常分泌的生长激素致使他的骨骼一生中都在不断生长。

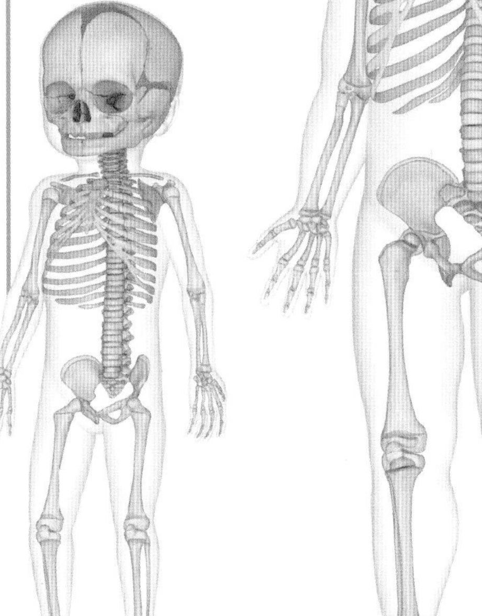

出生前两个月

婴儿身体大部分软骨已经被骨质取代，但是关节仍然由软骨构成。许多骨骼都是分离的，直到后来才融合在一起。这就是为什么婴儿有300多块骨骼，而成年人只有大约206块骨骼的原因。

1岁

婴儿的颅骨由20多块骨骼构成，而这些分离的骨骼需要2～3年才会融合。在早期，颅骨的生长要快于其他骨骼，以至于婴幼儿的头部相对于他们的身体显得比较大。

骨盆是骨架中生长最慢的部分之一，人出生很多年后，其仍由6块分离的骨骼组成。

4岁

这时候，大部分软骨已经被骨质取代，但是长骨的末端仍然有软骨填充在间隙中，这些生长板能使骨骼变长。

生长板。

生长板。

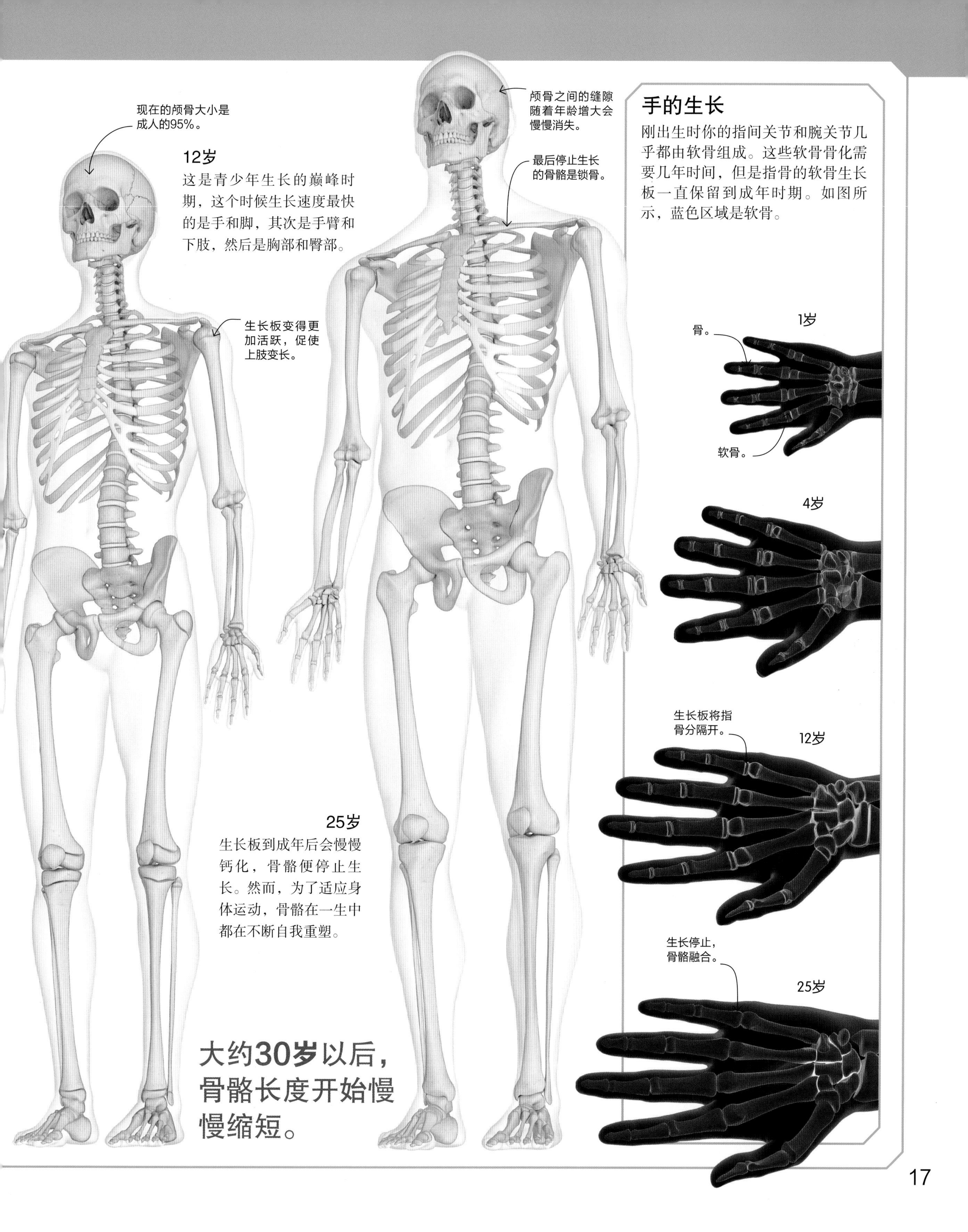

现在的颅骨大小是
成人的95%。
12岁
这是青少年生长的巅峰时期，这个时候生长速度最快的是手和脚，其次是手臂和下肢，然后是胸部和臀部。
生长板变得更
加活跃，促使
上肢变长。
颅骨之间的缝隙
随着年龄增大会
慢慢消失。
最后停止生长
的骨骼是锁骨。
25岁
生长板到成年后会慢慢钙化，骨骼便停止生长。然而，为了适应身体运动，骨骼在一生中都在不断自我重塑。
大约30岁以后，
骨骼长度开始慢
慢缩短。
手的生长
刚出生时你的指间关节和腕关节几乎都由软骨组成。这些软骨骨化需要几年时间，但是指骨的软骨生长板一直保留到成年时期。如图所示，蓝色区域是软骨。
1岁
骨。
软骨。
4岁
生长板将指
骨分隔开。
12岁
生长停止，
骨骼融合。
25岁

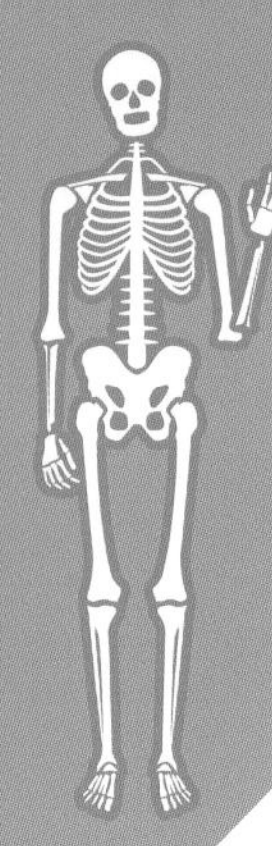

骨折

骨骼非常坚韧，但有时外力能够使其断裂，也就是我们常说的骨折。当骨折发生时，骨骼的自我修复功能便立即启动。隐藏在骨骼中的特殊细胞开始变得活跃并迅速增殖，它们会临时性修复间隙，这种临时修复的地方之后会被骨质替代。骨折处仅需几周便可基本修复，但是恢复到骨骼最初形状的塑形过程则需要数年。

骨折的治疗

许多骨折能自行愈合，但有一些骨折则需要外力干预才能愈合，假如骨折块分离，医生会将它们拼凑在一起。有时候骨折块必须使用钢板固定。骨折愈合时，可能仍然需要使用石膏进行外固定。

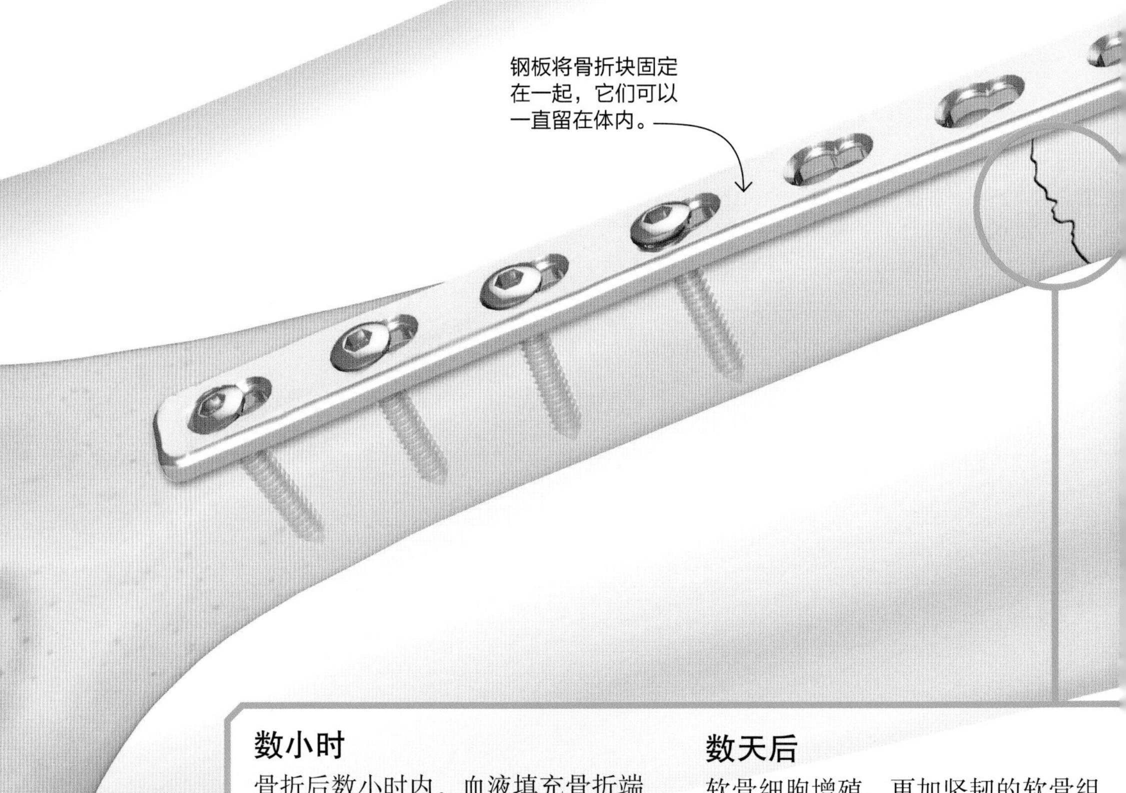

钢板将骨折块固定在一起，它们可以一直留在体内。

数小时

骨折后数小时内，血液填充骨折端形成固体血凝块。骨折部位血管收缩，避免继续出血。骨折部位疼痛难忍，使人在这期间难以移动骨折部位，进而骨骼可以更好地愈合。

数天后

软骨细胞增殖，更加坚韧的软骨组织取代血凝块将骨折处连在一起，形成软的骨痂，起到一定的稳固作用。在骨痂中骨细胞开始制造新的骨组织。

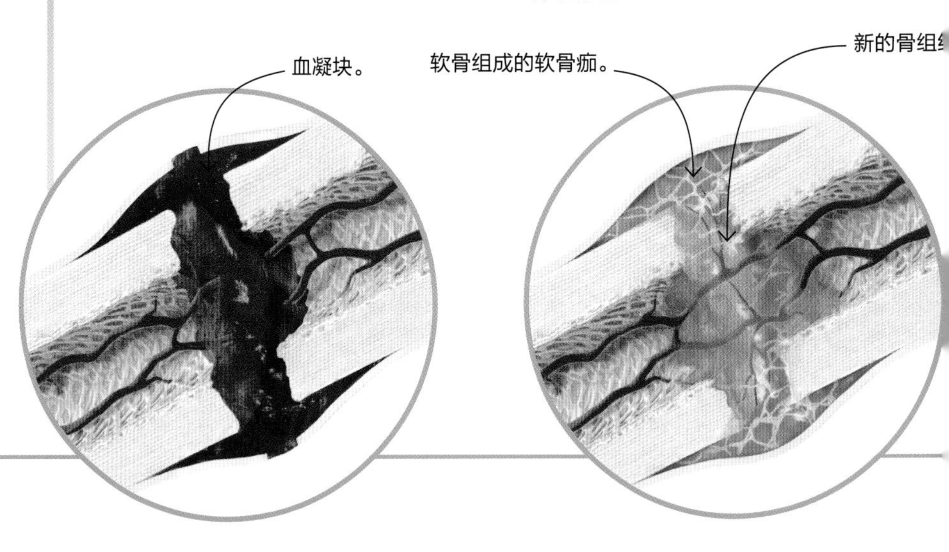

美国摩托车特技表演者埃维尔·克尼维尔一生中经历过433次骨折。

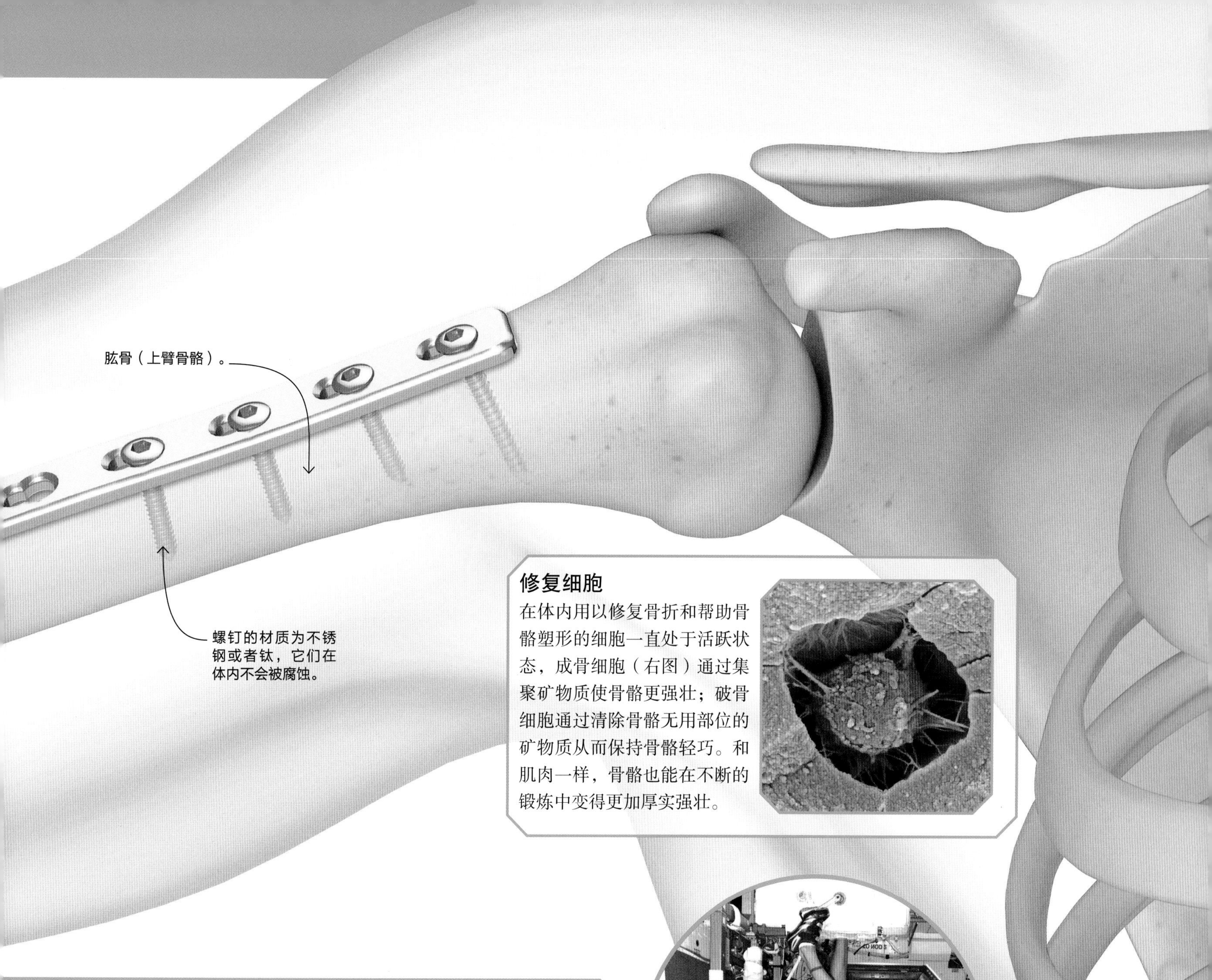

肱骨（上臂骨骼）。
螺钉的材质为不锈钢或者钛，它们在体内不会被腐蚀。

修复细胞

在体内用以修复骨折和帮助骨骼塑形的细胞一直处于活跃状态，成骨细胞（右图）通过集聚矿物质使骨骼更强壮；破骨细胞通过清除骨骼无用部位的矿物质从而保持骨骼轻巧。和肌肉一样，骨骼也能在不断的锻炼中变得更加厚实强壮。

1个月后

大量的软骨被一种长势快、松散的硬性骨痂取代。这个过程会持续两个月或者更久，硬骨痂会连接骨折处进而治愈骨折。

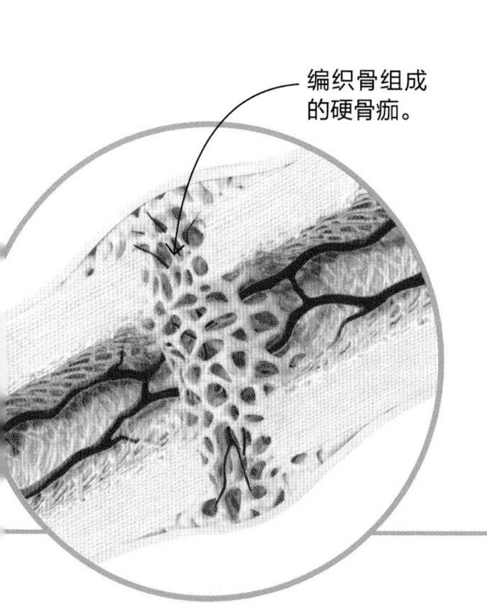

编织骨组成的硬骨痂。

1年后

最后，骨骼慢慢恢复到之前的外形——这个过程需要花费数年时间。破骨细胞破坏硬性骨痂，成骨细胞生产出新的坚实而富有弹性的骨。

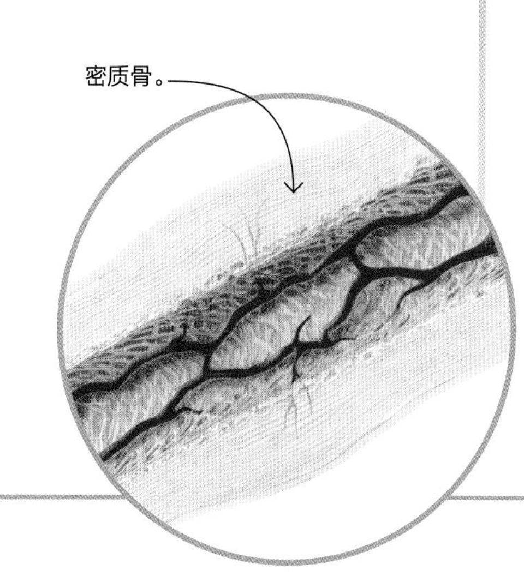

太空中的骨骼

成骨细胞和破骨细胞通常处于平衡状态，以保证骨骼有足够的强度去承受身体的重量。然而，在太空中，重力的减小使宇航员身体承重减少，以至于身体骨量流失。即使有规律的锻炼，宇航员每个月仍会失去超过1%的骨组织。

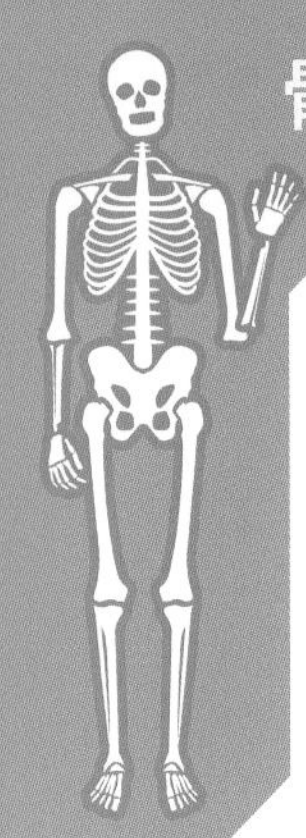

关节与运动

骨骼不是支撑身体的僵硬框架。不然的话，你的身体便会如同雕像一样僵硬。为了能够运动，骨骼由灵活的关节相连。人体内有200多个这样的关节，它们就像机器的活动部件，例如肘关节如同铰链，髋关节如同游戏手柄上的摇杆。

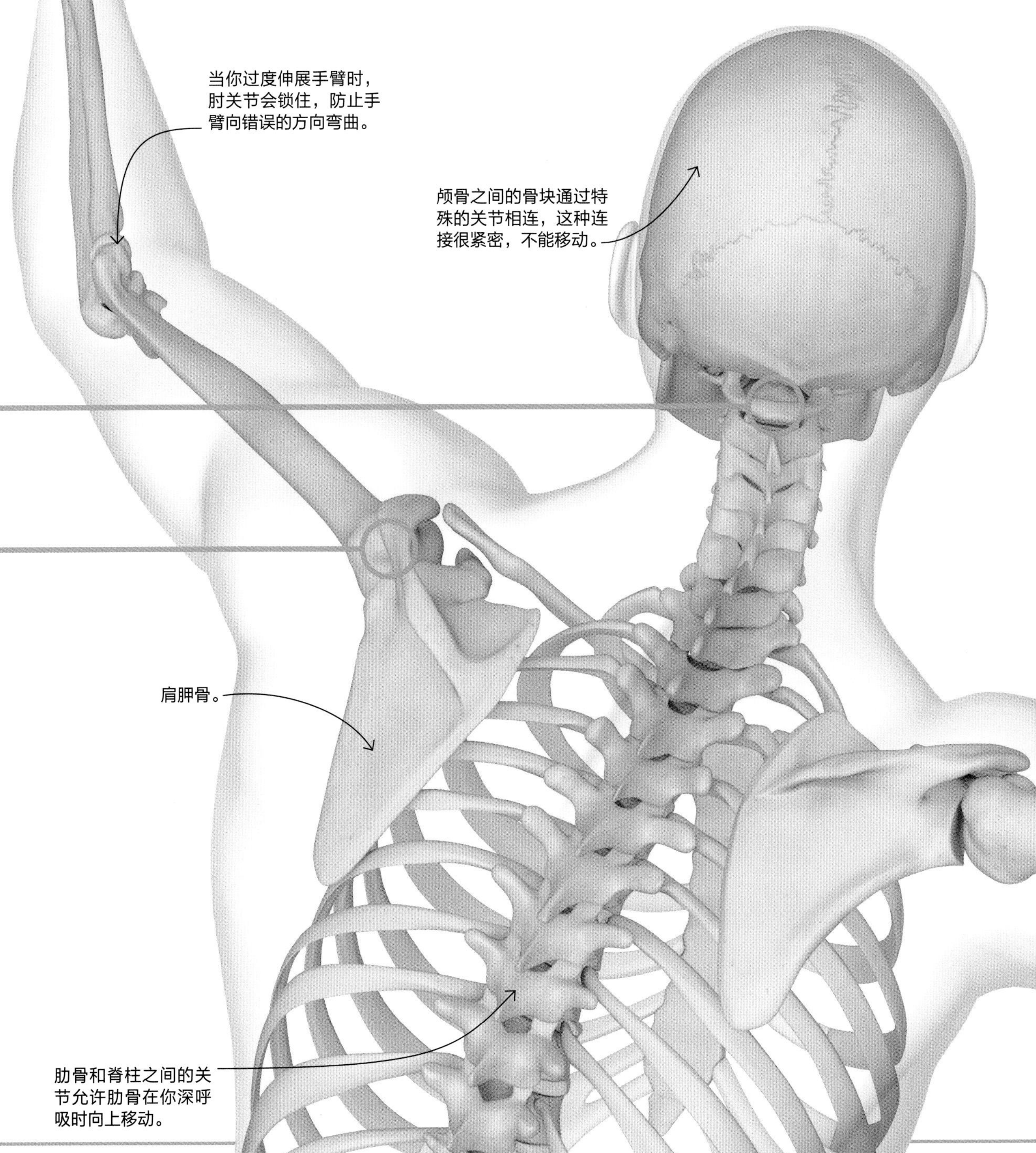

当你过度伸展手臂时，肘关节会锁住，防止手臂向错误的方向弯曲。
颅骨之间的骨块通过特殊的关节相连，这种连接很紧密，不能移动。
肩胛骨。
肋骨和脊柱之间的关节允许肋骨在你深呼吸时向上移动。

颈部

颈部关节的运动方式如同方向盘，颈部顶端的寰枢关节使头部可以做旋转运动。试一试，你可以将你的下巴旋转到与肩膀平齐的角度。不过，猫头鹰甚至能180° 旋转头部看到后面。

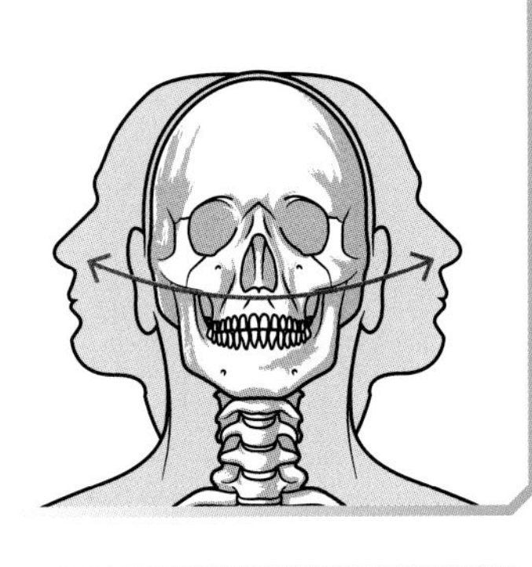

肩部

肩关节和髋关节是典型的球窝关节，因为可移动的骨头末端呈圆球状，刚好塞入固定骨头的凹槽中。这些关节使你的手臂和腿可以朝各个方向自由活动。

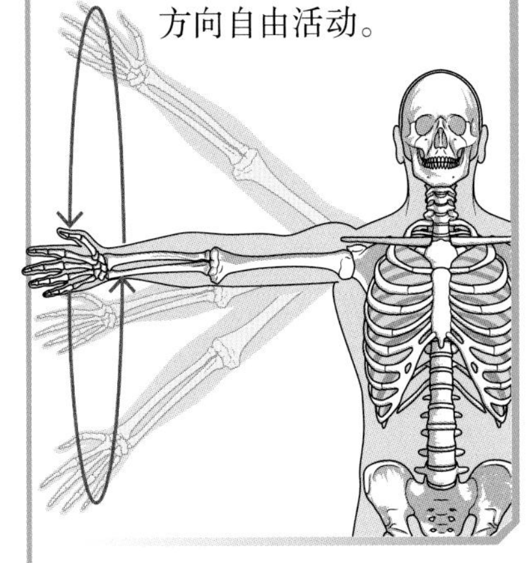

关节的类型

体内不同类型的关节允许身体做出的运动类型也不同。就如同自行车需要润滑油防止零部件磨损一样，关节利用关节液来确保关节平滑地移动。关节液存在于关节囊中，骨骼末端覆盖有关节软骨，有助于关节平滑移动。

人体有200多个关节。

软骨比冰面还要光滑8倍。

为什么指关节能发出咔咔的响声？这是一个科学谜团，有科学家认为这可能是滑液中的**气泡破裂**产生的声音。

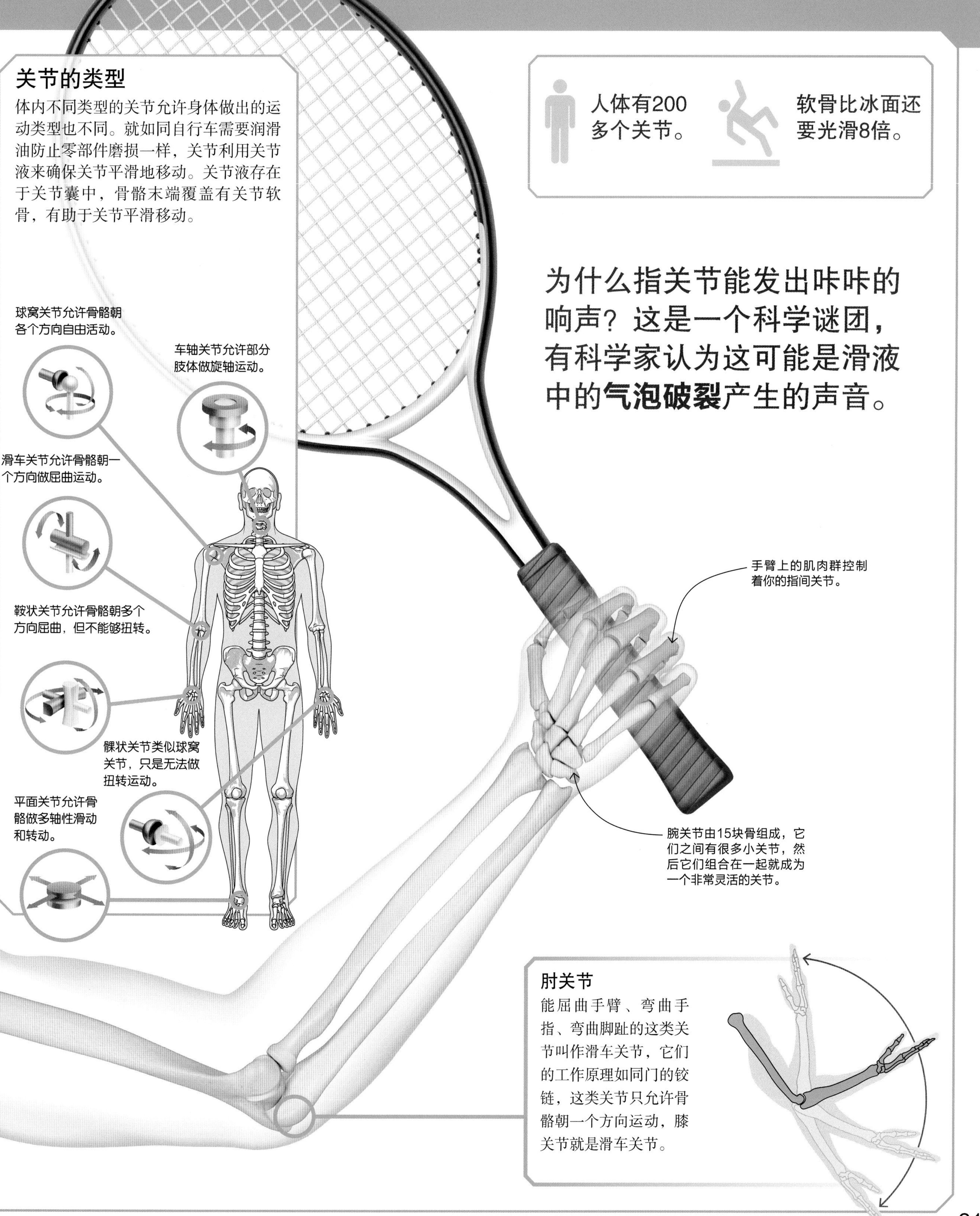

球窝关节允许骨骼朝各个方向自由活动。
车轴关节允许部分肢体做旋轴运动。
滑车关节允许骨骼朝一个方向做屈曲运动。
鞍状关节允许骨骼朝多个方向屈曲，但不能够扭转。
髁状关节类似球窝关节，只是无法做扭转运动。
平面关节允许骨骼做多轴性滑动和转动。
手臂上的肌肉群控制着你的指间关节。
腕关节由15块骨组成，它们之间有很多小关节，然后它们组合在一起就成为一个非常灵活的关节。

肘关节

能屈曲手臂、弯曲手指、弯曲脚趾的这类关节叫作滑车关节，它们的工作原理如同门的铰链，这类关节只允许骨骼朝一个方向运动，膝关节就是滑车关节。

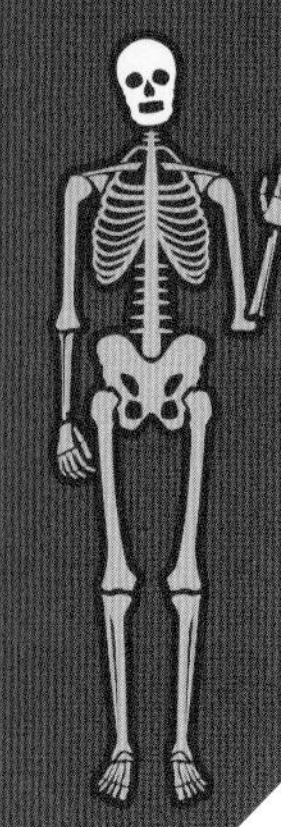

骨质安全帽

在你的一生中，你的头部会受到数百次的撞击——用头顶足球，摔在地上，撞到家具等等。为了保护你脆弱的大脑不受伤害，一个天然的骨质头盔——颅骨包围着你的大脑。颅骨由相互连接的骨组成，随着你的成长，它们会逐渐融合为一个坚固的整体。颅骨不仅仅是一个防护头盔，它还承担着许多其他的工作，例如进食、呼吸、说话。除此之外，它还容纳了你所有的主要感觉器官。

左右顶骨是头盖骨中最大的骨块，构成了颅骨的顶部。

顶骨

颞骨内部有内耳的敏感器官，这些器官被人体最坚硬、最致密的骨块包围。

颞骨

关节。

顶部

颅骨顶部圆顶状的头骨被称为头盖骨，它由大块弧形的骨块组成，这些骨块紧紧地合在一起形成齿状缝线。婴儿时期，这些骨块是分开的，这使得头部在出生受挤压时可以改变外形。

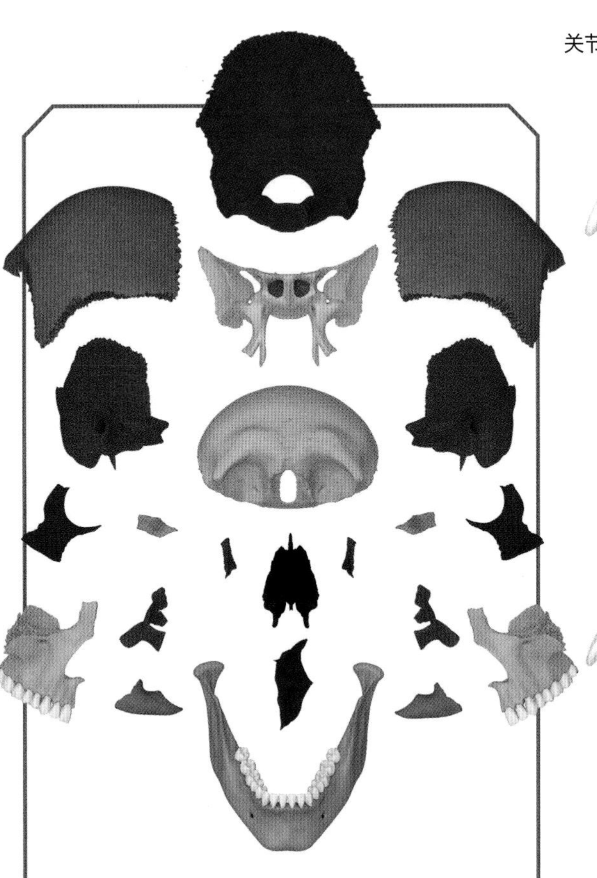

智力拼图

颅骨如同三维拼图一般，由29块骨组成。在你出生前，这些骨块是分离的，之后会慢慢融合在一起。颅骨左右侧的许多骨块是对称的。

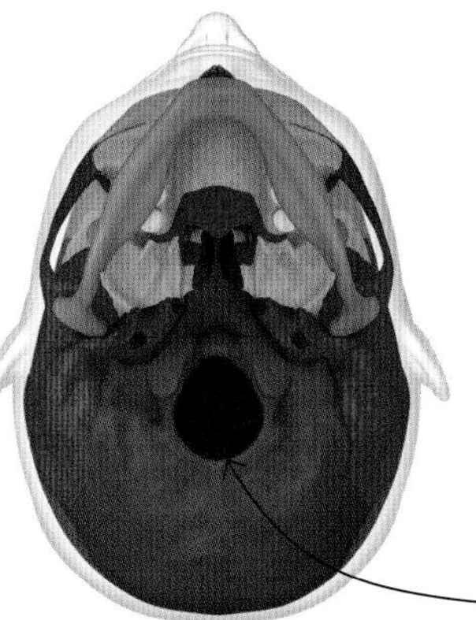

底部

在颅骨基底部有枕骨大孔，神经和血管从中通过，连接着大脑和身体。大多数动物的枕骨大孔在颅骨的后面，但人类不同，因为我们是直立行走的，头部位于脊柱的顶部，所以枕骨大孔靠近中间部位。

枕骨大孔。

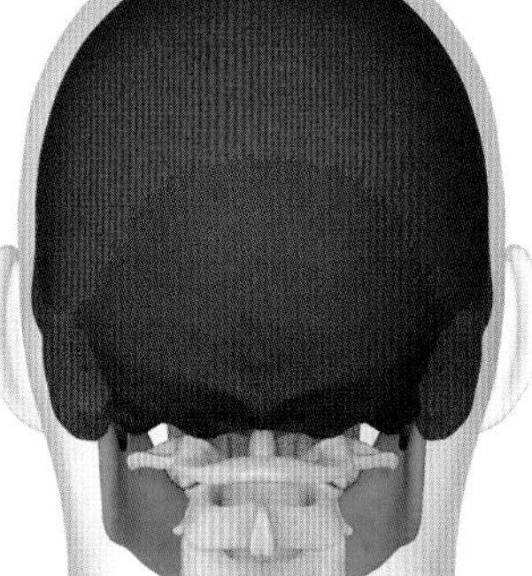

后部

头部重量约占体重的10%，为了支撑起它，颅骨位于脊柱的顶部。与此同时，强大的肌肉群将头部后面部分牢牢地固定在脊柱和肩膀上。

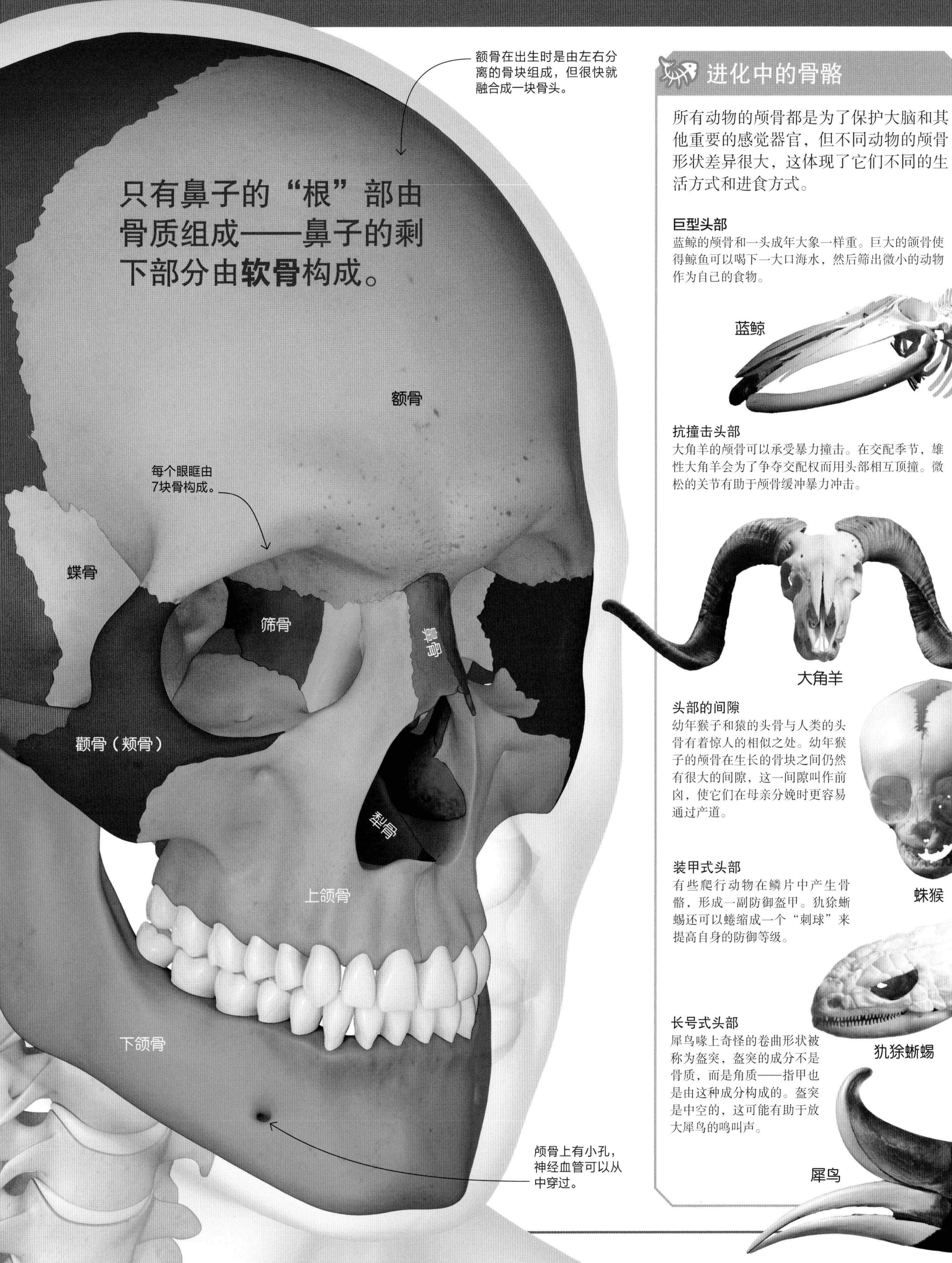

额骨在出生时是由左右分离的骨块组成，但很快就融合成一块骨头。
额骨
每个眼眶由7块骨构成。
蝶骨
筛骨
鼻骨
颧骨（颊骨）
犁骨
上颌骨
下颌骨
颅骨上有小孔，神经血管可以从中穿过。

只有鼻子的“根”部由骨质组成——鼻子的剩下部分由**软骨**构成。

进化中的骨骼

所有动物的颅骨都是为了保护大脑和其他重要的感觉器官，但不同动物的颅骨形状差异很大，这体现了它们不同的生活方式和进食方式。

巨型头部

蓝鲸的颅骨和一头成年大象一样重。巨大的颌骨使得鲸鱼可以喝下一大口海水，然后筛出微小的动物作为自己的食物。

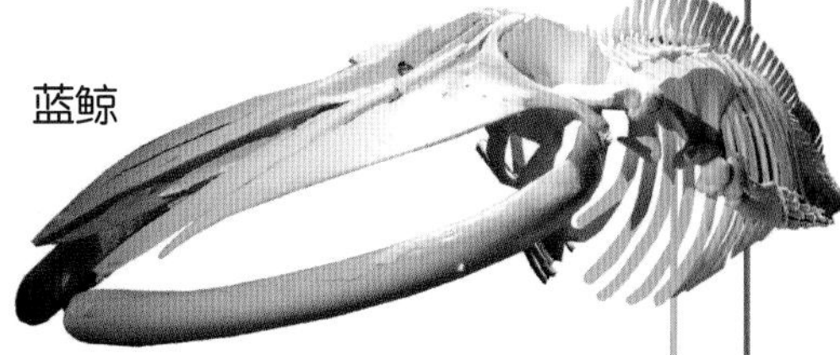

蓝鲸

抗撞击头部

大角羊的颅骨可以承受暴力撞击。在交配季节，雄性大角羊会为了争夺交配权而用头部相互顶撞。微松的关节有助于颅骨缓冲暴力冲击。

大角羊

头部的间隙

幼年猴子和猿的头骨与人类的头骨有着惊人的相似之处。幼年猴子的颅骨在生长的骨块之间仍然有很大的间隙，这一间隙叫作前囟，使它们在母亲分娩时更容易通过产道。

蛛猴

装甲式头部

有些爬行动物在鳞片中产生骨骼，形成一副防御盔甲。犰狳蜥蜴还可以蜷缩成一个“刺球”来提高自身的防御等级。

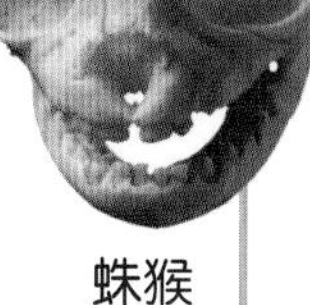

犰狳蜥蜴

长号式头部

犀鸟喙上奇怪的卷曲形状被称为盔突，盔突的成分不是骨质，而是角质——指甲也是由这种成分构成的。盔突是中空的，这可能有助于放大犀鸟的鸣叫声。

犀鸟

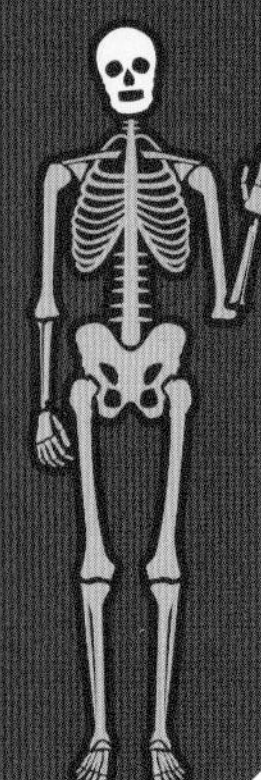

颅骨与大脑

如果把人类的颅骨和另一种哺乳动物的颅骨做比较，你就会发现一些奇怪的事情。大多数哺乳动物的鼻子都很长，脑袋较小，但是我们面部扁平，额头高耸，长着一个巨大的气球状的脑袋。产生这种差异的原因在于我们不同寻常的大脑，它比与我们亲缘关系最近的动物的大脑都要大上3倍。

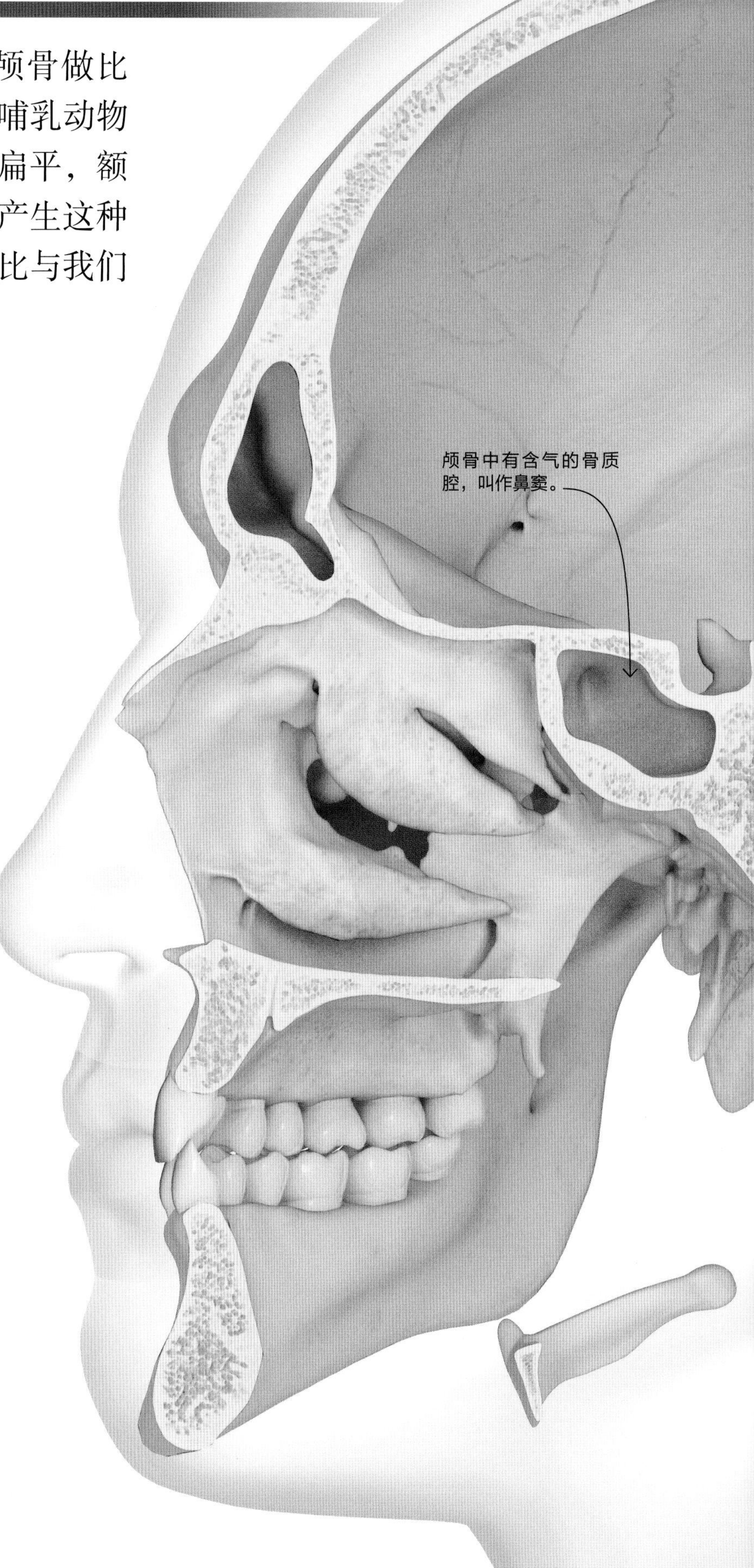

剧增的大脑

颅骨化石显示，在过去的300万年间，我们祖先的大脑急剧增大，体积增加了3倍。一些科学家认为，出于社会原因，我们需要额外的智力。因为生活在一个大集体中意味着人们需要更高的智商，这样才能相互理解并协同工作。大脑还赋予了我们这个物种一种其他动物所没有的能力：可以使用复杂的语言。

脑容量

1500cm³

1000cm³

500cm³

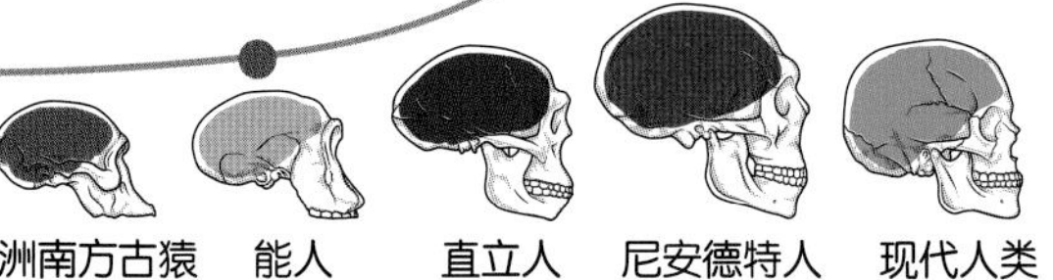

0cm³

400万年前　200万年前　0

缩小的大脑

在人类历史的大部分时间内，我们祖先的大脑变得越来越大，但是在过去的2万年里，这种趋势改变了，我们的大脑变得越来越小。石器时代的尼安德特人4万年前就已灭绝了，他们是我们的近亲，却拥有比我们更大的大脑。有一种解释是认为石器时代的人比我们更重，肌肉更强壮，而更大的身体需要更大的大脑来控制。

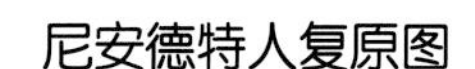

尼安德特人复原图

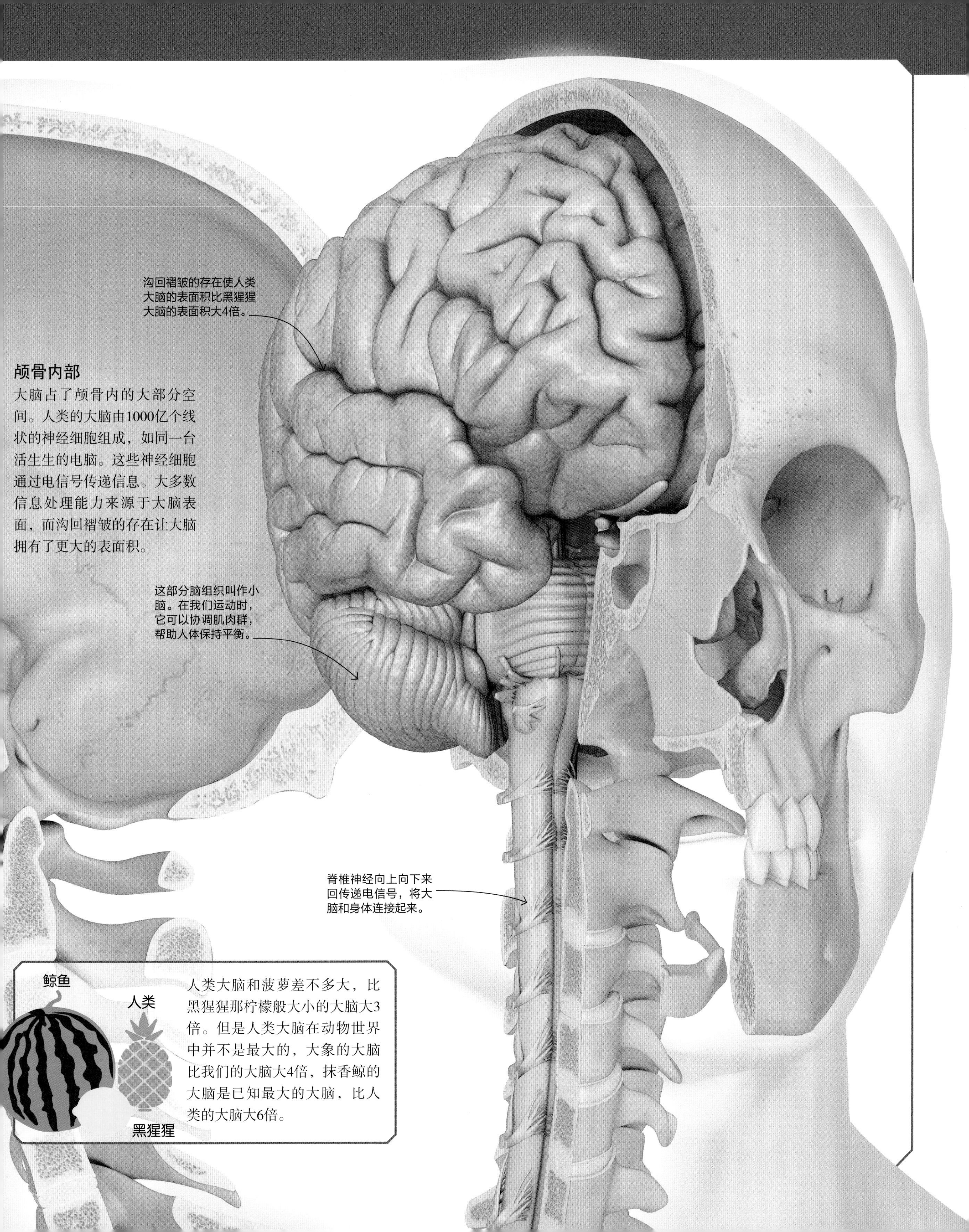

沟回褶皱的存在使人类
大脑的表面积比黑猩猩
大脑的表面积大4倍。
这部分脑组织叫作小
脑。在我们运动时，
它可以协调肌肉群，
帮助人体保持平衡。
脊椎神经向上向下来
回传递电信号，将大
脑和身体连接起来。
鲸鱼
人类
黑猩猩

颅骨内部

大脑占了颅骨内的大部分空间。人类的大脑由1000亿个线状的神经细胞组成，如同一台活生生的电脑。这些神经细胞通过电信号传递信息。大多数信息处理能力来源于大脑表面，而沟回褶皱的存在让大脑拥有了更大的表面积。

人类大脑和菠萝差不多大，比黑猩猩那柠檬般大小的大脑大3倍。但是人类大脑在动物世界中并不是最大的，大象的大脑比我们的大脑大4倍，抹香鲸的大脑是已知最大的大脑，比人类的大脑大6倍。

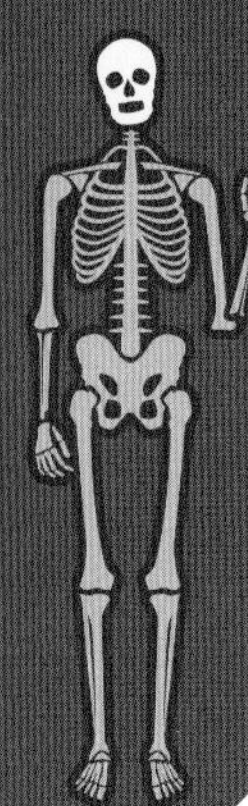

超级感官

有些动物，比如海葵，即使没有头、脑、眼睛和耳朵，也能很好地生存。然而，依靠智慧生存的动物需要通过感官来获取周围环境的信息，然后用大脑处理这些信息，进而更好地寻找食物和躲避危险。对于脊椎动物来说，这些收集信息的器官都聚集在一起，形成面部。

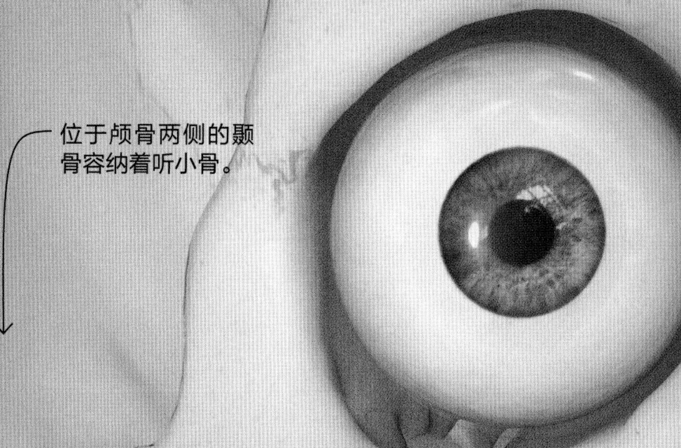

位于颅骨两侧的颞骨容纳着听小骨。

砧骨

镫骨

锤骨

实际尺寸

鼓膜

耳蜗

外耳道

听小骨

我们将听觉归功于体内最小的3块骨头。它们组合在一起，接收鼓膜的振动，并将振动进一步放大，使得我们的耳朵对声音更加敏感。听小骨之后会将振动传递给充满液体的耳蜗，而耳蜗会将振动转换成可供大脑识别的神经信号。

气味探测器

识别气味的器官位于鼻腔深处。在你的颅底，有一种叫作嗅觉感受器的特殊神经细胞会从空气中捕捉气味分子并向你的大脑发送信号。鼻腔内还有鼻甲，它能使进入鼻腔的空气变得温暖而湿润，并能引导一些空气通过嗅觉感受器。

颅骨

嗅觉感受器。

鼻甲骨的横截面。

口腔。

气味分子

气味除了能经鼻孔进入鼻腔之外，也能通过口腔进入鼻腔。

视野

动物眼睛的位置会影响它们能够看到的范围，即视野。如果眼睛位于头部的两侧，则会有很广阔的视野，这有助于发现自己的天敌。如果眼睛位于前部，则视野会狭窄一些，但双眼视野重叠范围内的3D视野会更广阔。

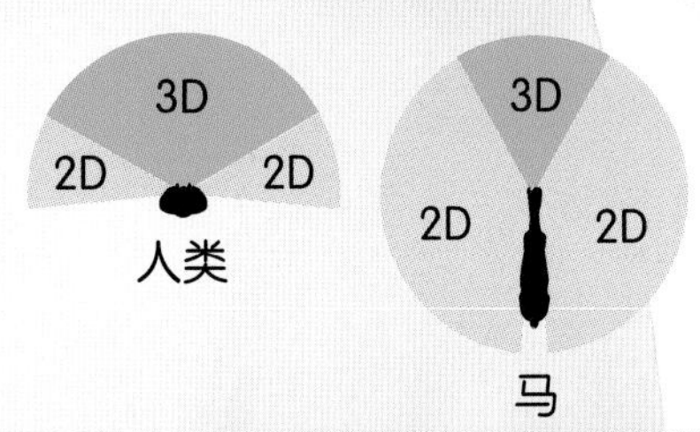

深深的眼眶可以保护你的眼球免受伤害。

鼻子大部分是由软骨而非骨质构成，鼻子后面有一个空腔，即鼻腔。鼻腔位于颅骨内部。

进化中的骨骼

许多动物拥有比我们更灵敏的感官或我们没有的特殊感官。这些惊人的能力常常可以从动物的颅骨和面部找到线索，例如，长长的鼻口部（鼻子和口腔）往往意味着嗅觉非常敏锐。

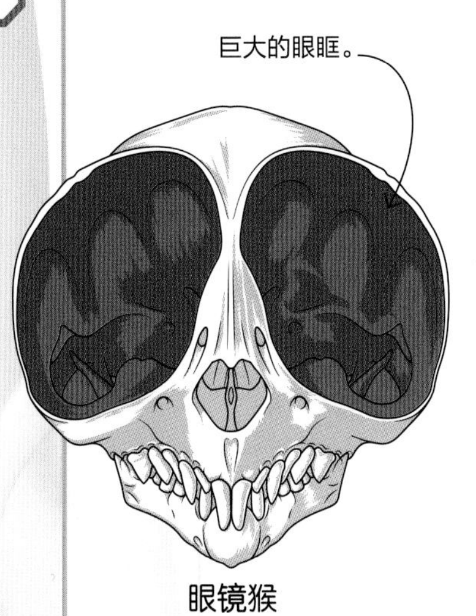

夜视

眼镜猴是东南亚热带雨林中的夜间捕食者。巨大的眼睛使它们在夜间拥有极好的视力。眼镜猴的眼睛不能在眼眶中转动，但它们可以通过旋转头部来寻找猎物。

超级嗅觉

北极熊鼻腔内的鼻甲骨很薄，其结构呈迷宫状，气味可以从其中穿过。北极熊嗅觉细胞的数量是人类的20多倍，它们能够嗅到10千米外的猎物，如海豹发出的气味。

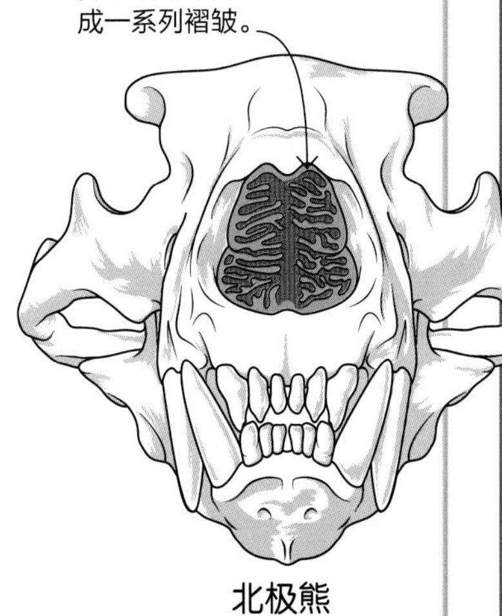

鼻甲骨在鼻腔内形成一系列褶皱。
北极熊

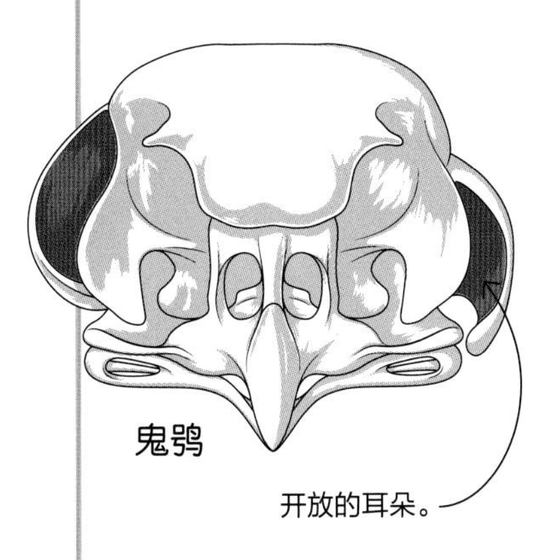

鬼鸮
开放的耳朵。

3D听觉

有些猫头鹰的一只耳朵比另一只耳朵高。这一不寻常的特征让猫头鹰只要听到隐藏在树叶或雪下的老鼠的移动声，便能精确地判断出老鼠的位置。猫头鹰的碟状脸也有助于引导微弱的声音进入自己的耳朵。

张大嘴巴

与其他动物的牙齿相比，我们的牙齿看起来非常小。我们的犬齿不像肉食性动物那样尖锐锋利，我们的臼齿也没有植食性动物那么结实耐用。我们的牙齿类似于类人猿的牙齿，但是类人猿的牙齿也比我们的要大。这可能是因为早期人类开始用石质工具来捣碎、切割食物，并用火烹饪，让食物变得更软。我们的祖先不再需要巨大而有力的牙齿，于是随着时间的推移，人类的牙齿越来越小。

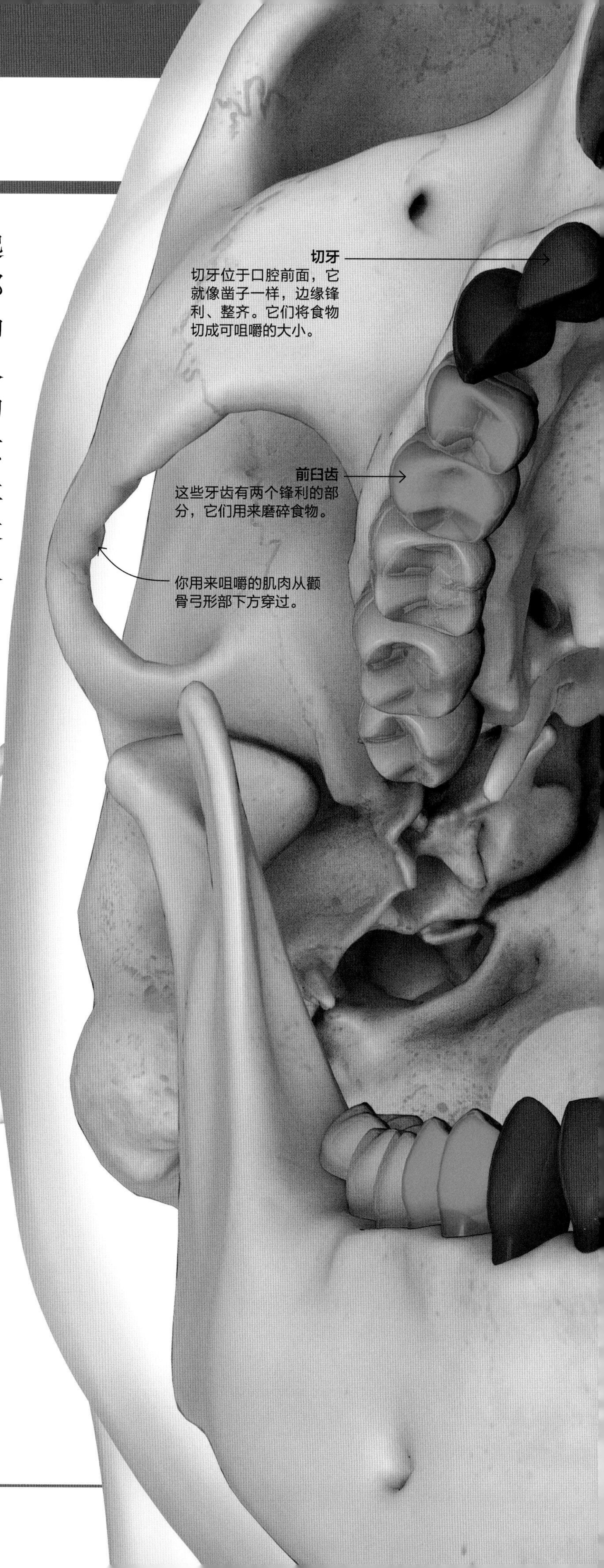

切牙
切牙位于口腔前面，它就像凿子一样，边缘锋利、整齐。它们将食物切成可咀嚼的大小。
前臼齿
这些牙齿有两个锋利的部分，它们用来磨碎食物。
你用来咀嚼的肌肉从颧骨弓形部下方穿过。

咀嚼

颅骨两侧附着2块强大的肌肉——颞肌和咬肌。咀嚼这一动作，就是由这些肌肉协作完成的。这些肌肉牵引下颌做斜向运动来嚼碎食物，肉食性动物不能完成这个动作。

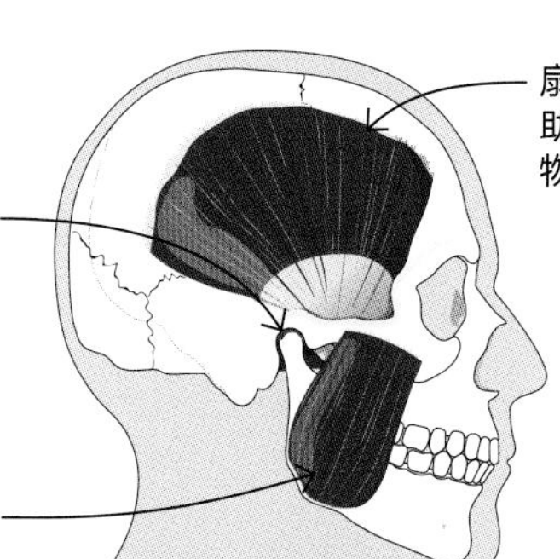

这个滑车关节内有个小圆盘状的软骨，当你咀嚼时，它会起到缓冲作用。
扇形的颞肌有助于磨牙将食物磨碎。
咬肌是人体内最强壮的肌肉之一，它帮助我们合拢颌部。

骨骼原来如此奇妙！

你的下颌关节不仅仅是简单的滑车关节。当下颌张开时，它可以从颅骨内的关节窝稍向前滑动。这有助于你的下巴上下移动、左右移动、前后移动。将指尖压在耳朵前面的同时张开嘴，你可以感觉到你的下巴从关节窝里突出来了——同时你的指尖陷入其中。

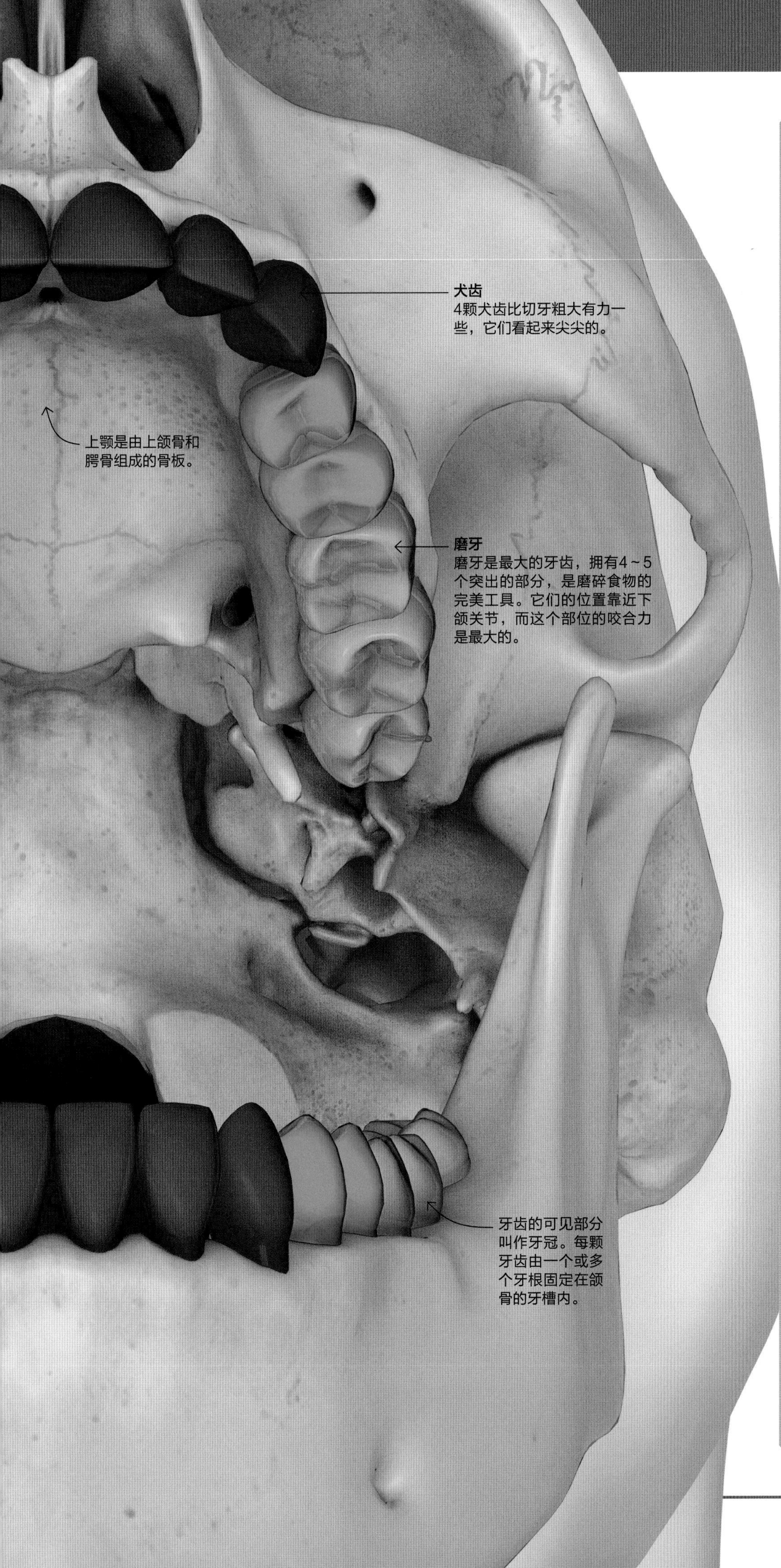

犬齿
4颗犬齿比切牙粗大有力一些，它们看起来尖尖的。
上颚是由上颌骨和腭骨组成的骨板。
磨牙
磨牙是最大的牙齿，拥有4～5个突出的部分，是磨碎食物的完美工具。它们的位置靠近下颌关节，而这个部位的咬合力是最大的。
牙齿的可见部分叫作牙冠。每颗牙齿由一个或多个牙根固定在颌骨的牙槽内。

进化中的骨骼

我们通常只需观察动物的牙齿就能知道它们的食性。例如，肉食性动物拥有锋利的牙齿，可以刺穿和切割肉类；而植食性动物拥有巨大的磨牙，可以磨碎较硬的树叶。

肉食性动物

狮子用长而尖的犬齿咬住并刺死它们的猎物。它们的口腔后部有特殊的磨牙，叫作裂齿。裂齿边缘锋利如同剪刀，能刺穿皮肤、肌肉甚至骨头。较小的切牙可以剥下骨头上残留的皮肉。

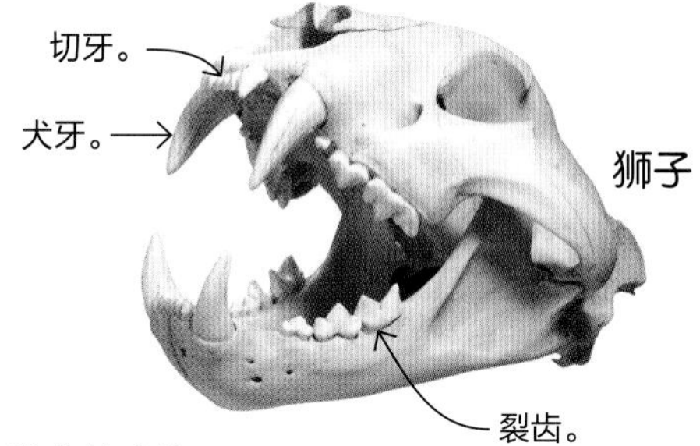

植食性动物

长颈鹿没有上前牙，它们将下前牙（切牙和小犬齿）压在坚硬的上颌垫上咬下树叶。它们的口腔后部共有24颗巨大的磨牙，可以压碎、研磨食物。

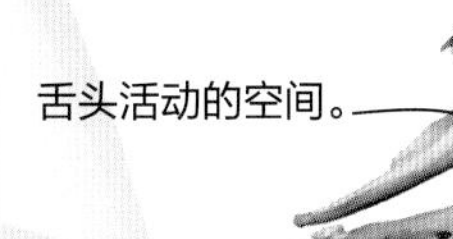

舌头活动的空间。
下切牙和犬齿。
长颈鹿

啮齿目动物

啮齿目动物利用它们特殊的切牙来咬破坚硬的食物，例如坚果。河狸会用切牙来咬穿木头，咬断树木。它们不怕切牙被磨损，因为它们的切牙可以一直生长。

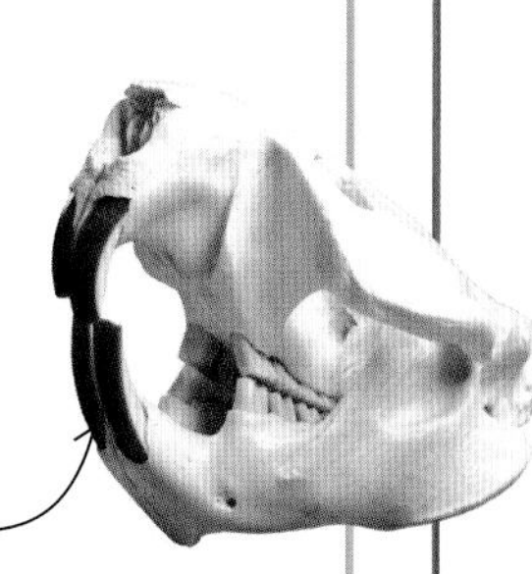

啮齿目动物的切牙像凿子一样锋利。
河狸

吞咽类动物

蛇不能咀嚼，但它们的下颌关节是松散关节，这使得它们的嘴巴可以张得很大，从而吞下比自己体形还大的动物。一些蛇类还会利用大毒牙将致命的毒液注入猎物体内。蛇类的牙齿向内弯曲，这有助于它们将食物送入食道。

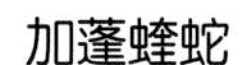

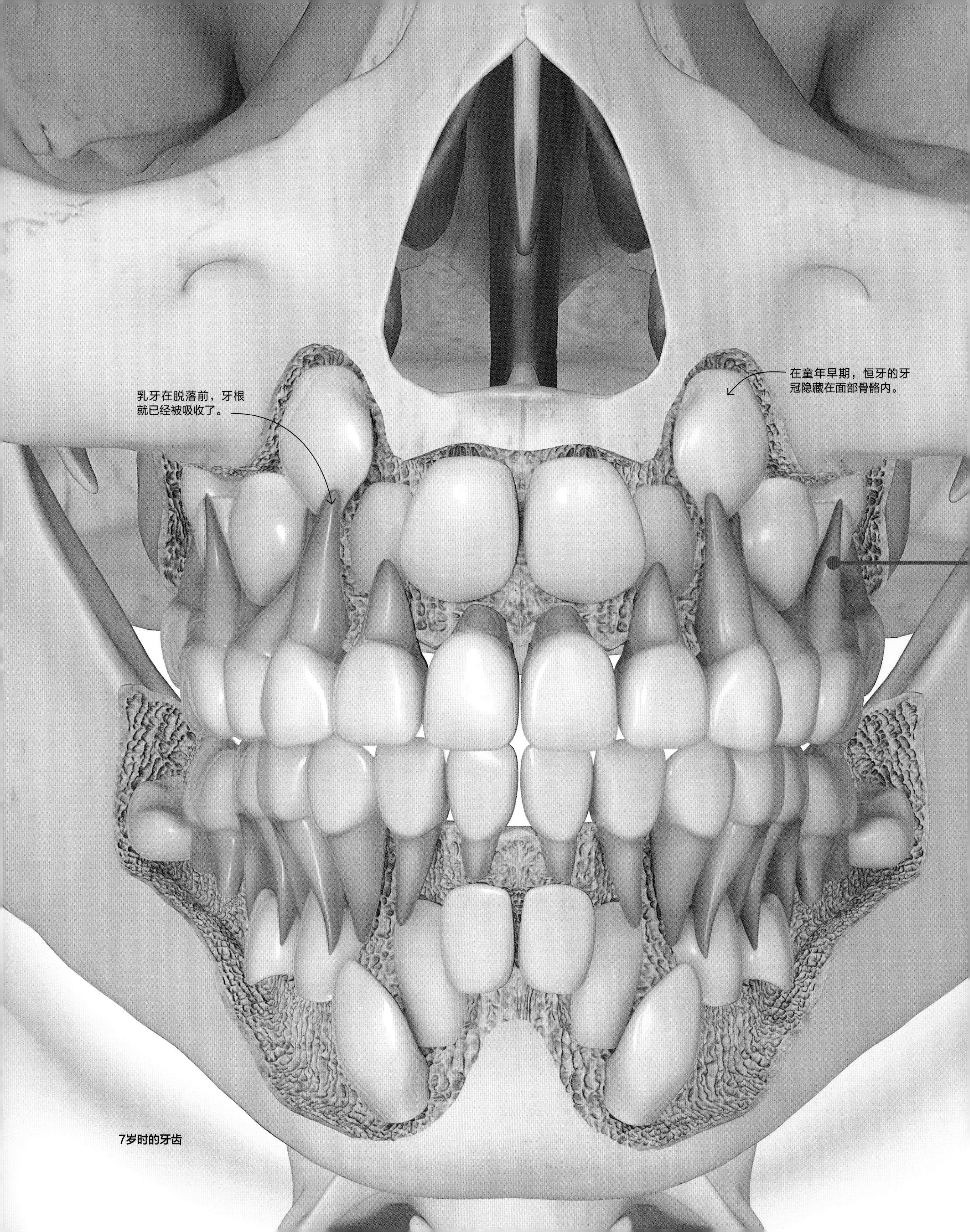
乳牙在脱落前，牙根
就已经被吸收了。
在童年早期，恒牙的牙
冠隐藏在面部骨骼内。

7岁时的牙齿

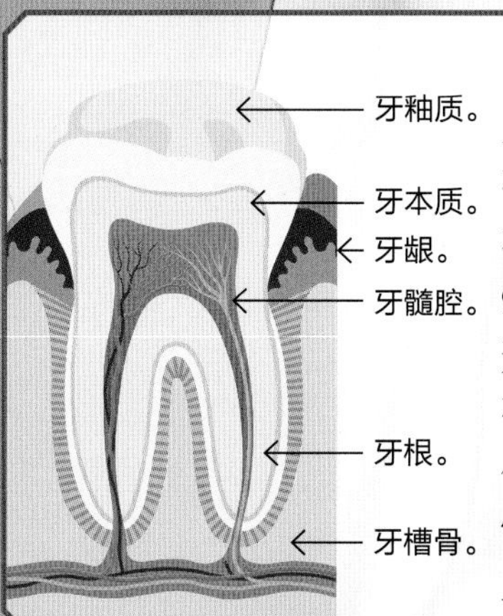

牙齿内部结构

牙齿因含有磷酸钙晶体而坚硬，骨骼也是因为含有这种矿物质成分而坚硬。牙冠96%的成分是磷酸钙，由此形成了牙釉质——体内最坚硬的物质。牙釉质下方是叫作牙本质的骨样组织，而牙髓位于牙本质内，牙髓含有血管和痛觉神经细胞。

一次性的牙齿

第一批生长出来的20颗牙齿称为乳牙。当你慢慢长大，乳牙的牙根被吸收，牙冠脱落，恒牙便取而代之。到11岁时，大多数乳牙已经全部脱落。尽管乳牙是临时性的，但我们也应好好照顾它们，因为乳牙可以引导恒牙生长。智齿是最后长出来的恒牙，在青春期晚期才会出现。

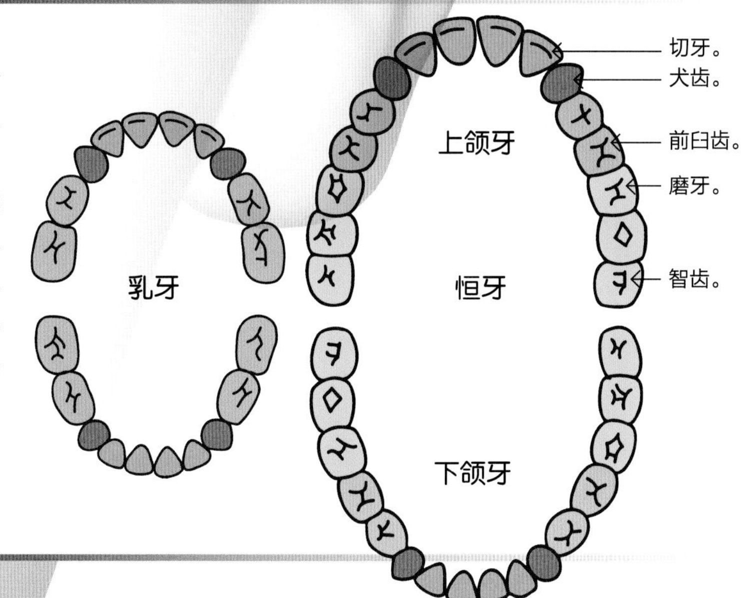

牙齿的生长

大约7岁时，我们的全部牙齿就已经都在颅骨骨块内了，不过大多数牙齿还隐藏着看不见。我们一生中会有两套牙齿：乳牙和恒牙，它们在出生前很久就开始形成。牙齿由牙胚发育而来，然后深深地嵌入颅骨的骨块内。婴儿6个月大时，乳牙开始出现；大约6岁时，恒牙开始出现。

进化中的骨骼

大多数哺乳动物一生中会有两套牙齿，但许多爬行动物和鱼类在它们的旧牙齿脱落后会继续长出新的牙齿。

6套牙齿

大象一生中会长出6套磨牙。新的磨牙出现在下颌的后部，然后慢慢地向前移动，最后将旧牙齿推出来。当最后一套磨牙脱落后，大象便会饿死。

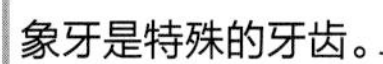

大象

50套牙齿

鳄鱼有60颗左右的牙齿，在其一生中这些牙齿可被替换大约50次，所以鳄鱼一生中大概会长出3000颗牙齿。鳄鱼的牙齿不会因为它吞下猎物而磨损，但它的牙齿会被挣扎着逃跑的猎物扯落。

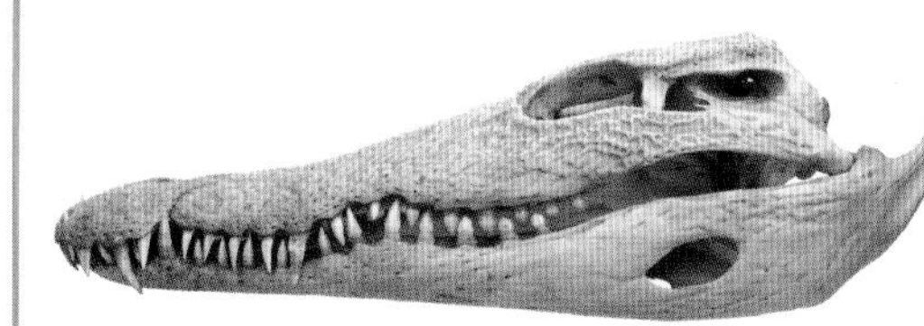

鳄鱼

无尽的牙齿

鲨鱼嘴里有多排牙齿，当前面旧的牙齿脱落时，锋利的新牙齿就会向前移动来代替旧的牙齿。鲨鱼一生中一共可长出大约30000颗牙齿。

鲨鱼

锋利的獠牙

鹿豚是猪科动物，生活在印度尼西亚的雨林中。雄性鹿豚的犬齿会向上生长，穿过面部，然后向后弯曲。成熟雄性鹿豚的獠牙非常锋利，甚至可以刺穿动物的头骨。

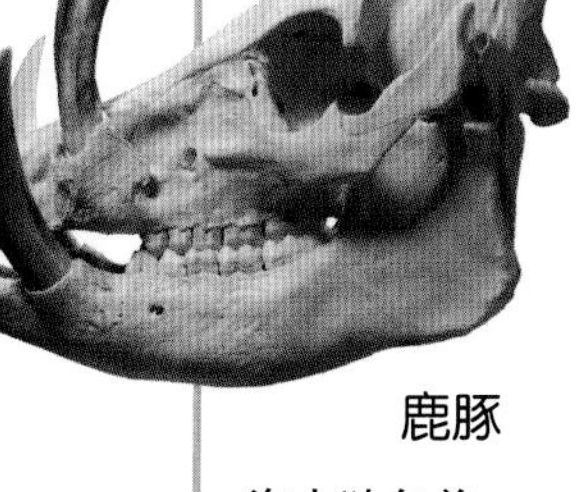

鹿豚

海中独角兽

独角鲸是一种生活在北极海域的鲸鱼，它的一颗犬齿长成了一支螺旋状的长牙，其作用仍是一个谜。这支长牙没有牙釉质却有很多神经细胞，所以有人认为它是一个感觉器官。也有人认为它是雄性独角鲸用来战斗的武器。

独角鲸

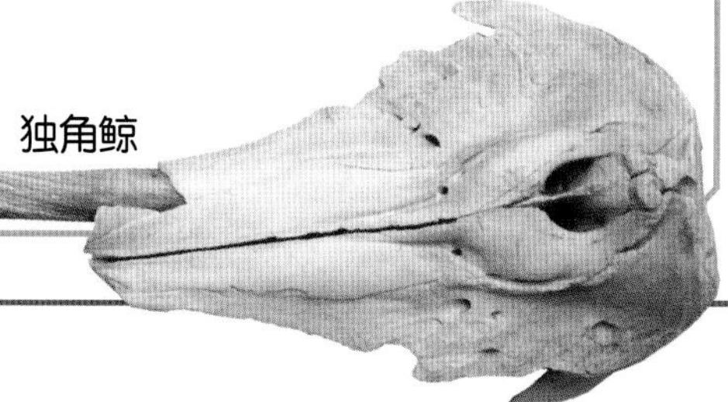

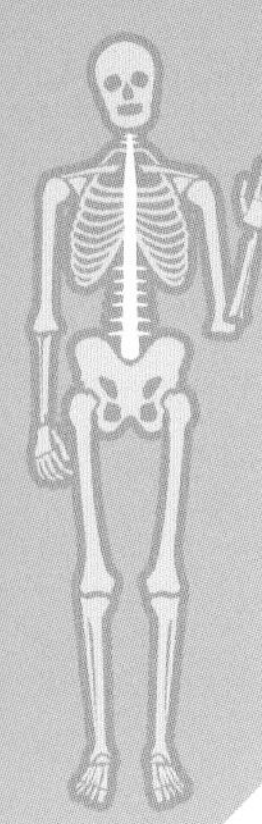

灵活的颈部

从沙鼠到长颈鹿，几乎所有哺乳动物脖子上的骨块数量都相同——7块。这7块坚固的骨块被称为颈椎，构成脊柱的上部。颈椎使你的头部能自由转动，同时它们还保护着你的脊髓；脊髓是连接着大脑和身体的重要神经，使你能够控制自己的肌肉。

长颈鹿的颈椎数目和人类相同。

颅骨通过项韧带与颈椎相连。当你奔跑时，项韧带可以防止头部前倾。奔跑迅速的动物项韧带非常坚韧。

寰椎

枢椎

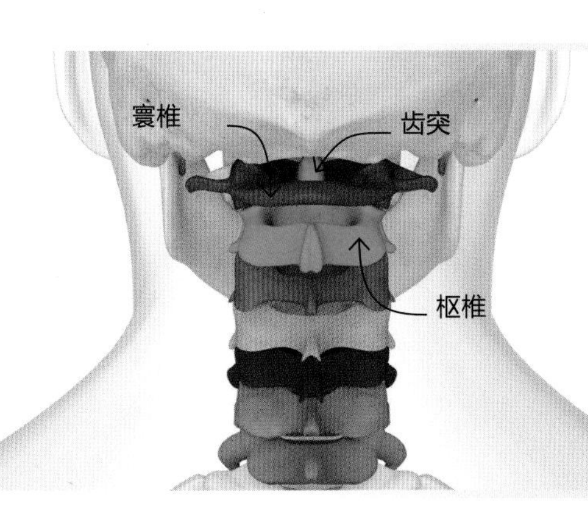

倾斜和转动

第一、二颈椎外形特殊，因为有了它们，头部才可以倾斜和转动。第一颈椎（寰椎）和第二颈椎（枢椎）紧密连接形成寰枢关节。这一关节使得头部可以转动——左右晃动头部，说“NO”非常方便。而寰枕关节使你能做点头运动。

棘突是转动头部的肌肉群和项韧带的附着点。

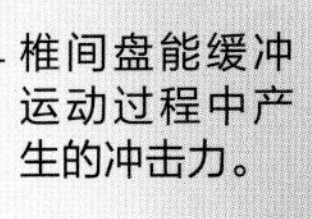

椎间盘能缓冲运动过程中产生的冲击力。

骨骼原来如此奇妙！

颈椎是非常灵活的，你可以在肩膀不动的情况下将头部转动180°。如果同时转动眼球，你便可以环视360°。试一试，将一个小物体放在身后，然后试着往两个方向转动头部观看它（这个过程不要转动腰部和肩膀）。

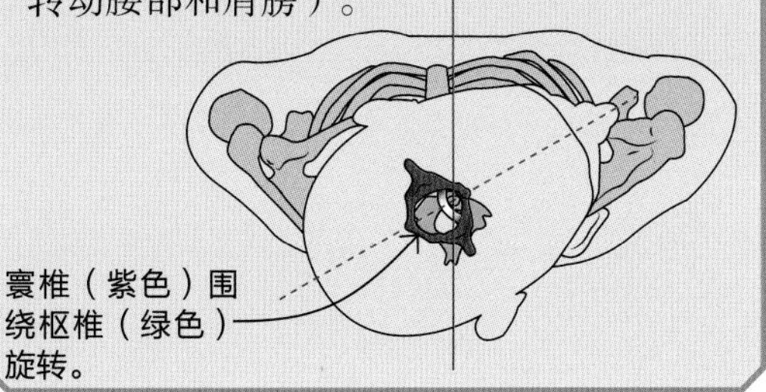

寰椎（紫色）围绕枢椎（绿色）旋转。

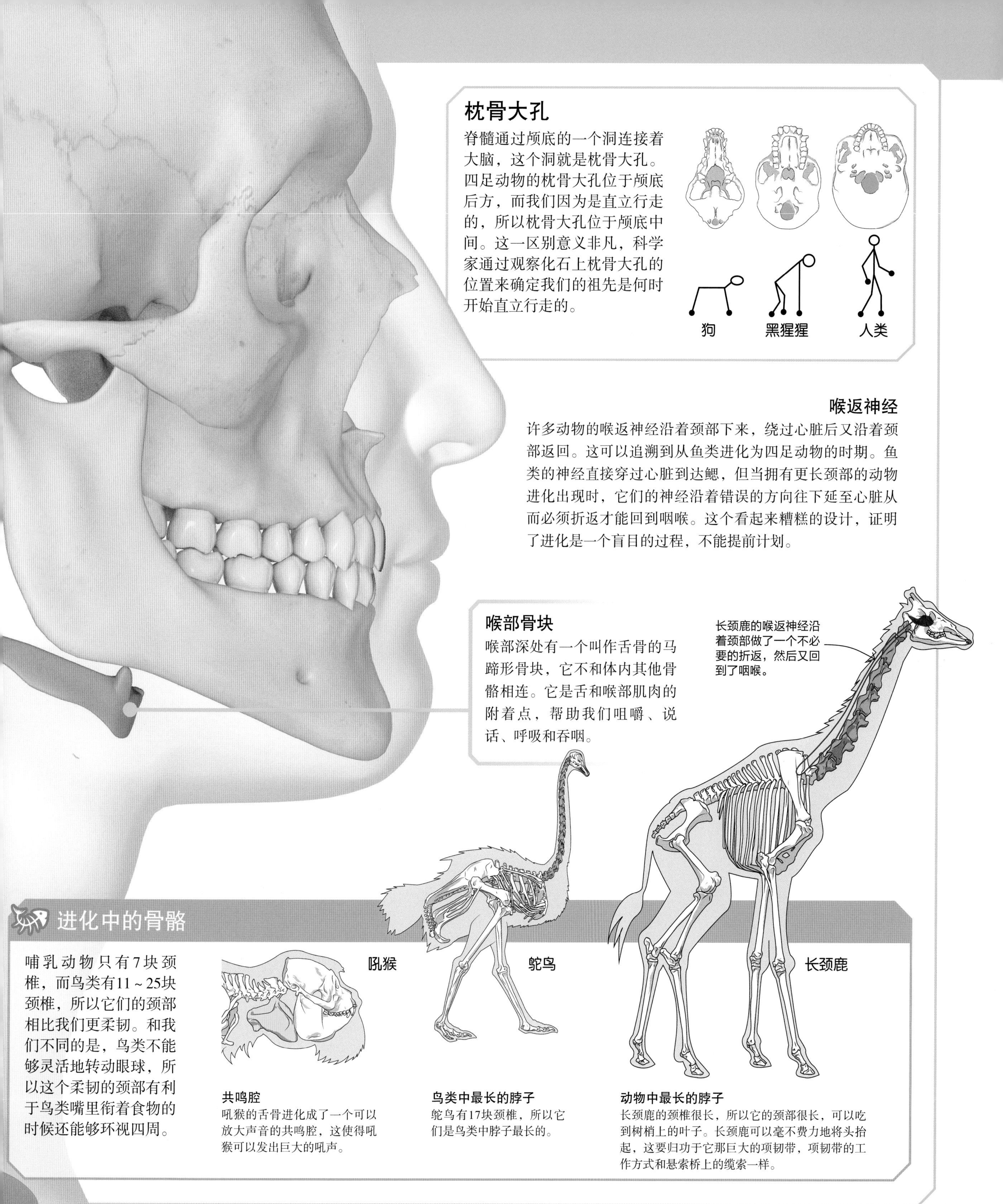

枕骨大孔

脊髓通过颅底的一个洞连接着大脑，这个洞就是枕骨大孔。四足动物的枕骨大孔位于颅底后方，而我们因为是直立行走的，所以枕骨大孔位于颅底中间。这一区别意义非凡，科学家通过观察化石上枕骨大孔的位置来确定我们的祖先是何时开始直立行走的。

喉返神经

许多动物的喉返神经沿着颈部下来，绕过心脏后又沿着颈部返回。这可以追溯到从鱼类进化为四足动物的时期。鱼类的神经直接穿过心脏到达鳃，但当拥有更长颈部的动物进化出现时，它们的神经沿着错误的方向往下延至心脏从而必须折返才能回到咽喉。这个看起来糟糕的设计，证明了进化是一个盲目的过程，不能提前计划。

喉部骨块

喉部深处有一个叫作舌骨的马蹄形骨块，它不和体内其他骨骼相连。它是舌和喉部肌肉的附着点，帮助我们咀嚼、说话、呼吸和吞咽。

进化中的骨骼

哺乳动物只有7块颈椎，而鸟类有11～25块颈椎，所以它们的颈部相比我们更柔韧。和我们不同的是，鸟类不能够灵活地转动眼球，所以这个柔韧的颈部有利于鸟类嘴里衔着食物的时候还能够环视四周。

共鸣腔
吼猴的舌骨进化成了一个可以放大声音的共鸣腔，这使得吼猴可以发出巨大的吼声。

鸟类中最长的脖子
鸵鸟有17块颈椎，所以它们是鸟类中脖子最长的。

动物中最长的脖子
长颈鹿的颈椎很长，所以它的颈部很长，可以吃到树梢上的叶子。长颈鹿可以毫不费力地将头抬起，这要归功于它那巨大的项韧带，项韧带的工作方式和悬索桥上的缆索一样。

脊柱的构成

用手指向下滑过后背中间部位，你可以感觉到一节节的椎骨——33块互锁的椎骨组成脊柱。脊柱支撑起了骨架也支撑起了我们上半身的重量。脊柱还保护着我们的脊髓——将大脑和身体其他部位连接起来的重要神经。

脊柱和肋骨之间的关节让你深呼吸时，胸腔可以上下移动。

每块椎骨都有机翼状的横突，肌肉和韧带就附着在这上面。

S形弯曲

大多数哺乳动物的脊柱是拱形的，像一座桥支撑着身体。但我们不一样，因为我们是直立行走的，为了保持平衡，我们的脊柱底部有一个向前的弯曲。当我们1岁，也就是刚开始走路的时候，这个向前的弯曲就开始形成。

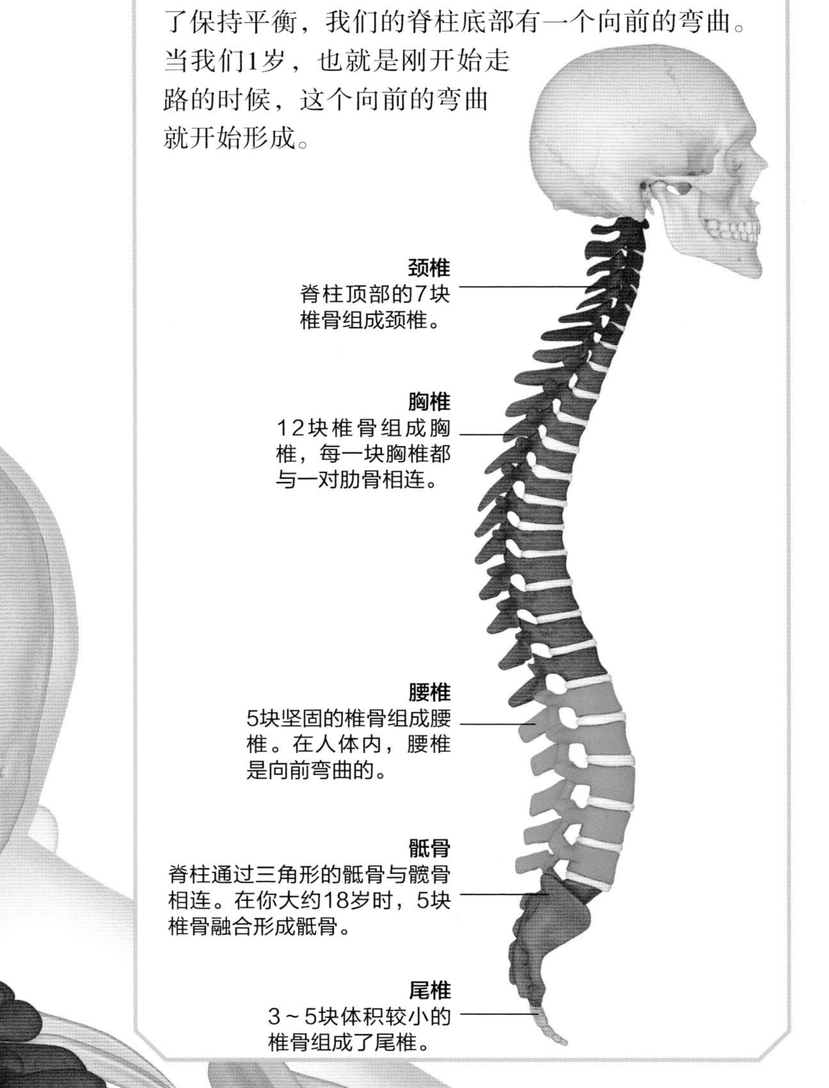

颈椎
脊柱顶部的7块椎骨组成颈椎。
胸椎
12块椎骨组成胸椎，每一块胸椎都与一对肋骨相连。
腰椎
5块坚固的椎骨组成腰椎。在人体内，腰椎是向前弯曲的。
骶骨
脊柱通过三角形的骶骨与髋骨相连。在你大约18岁时，5块椎骨融合形成骶骨。
尾椎
3～5块体积较小的椎骨组成了尾椎。

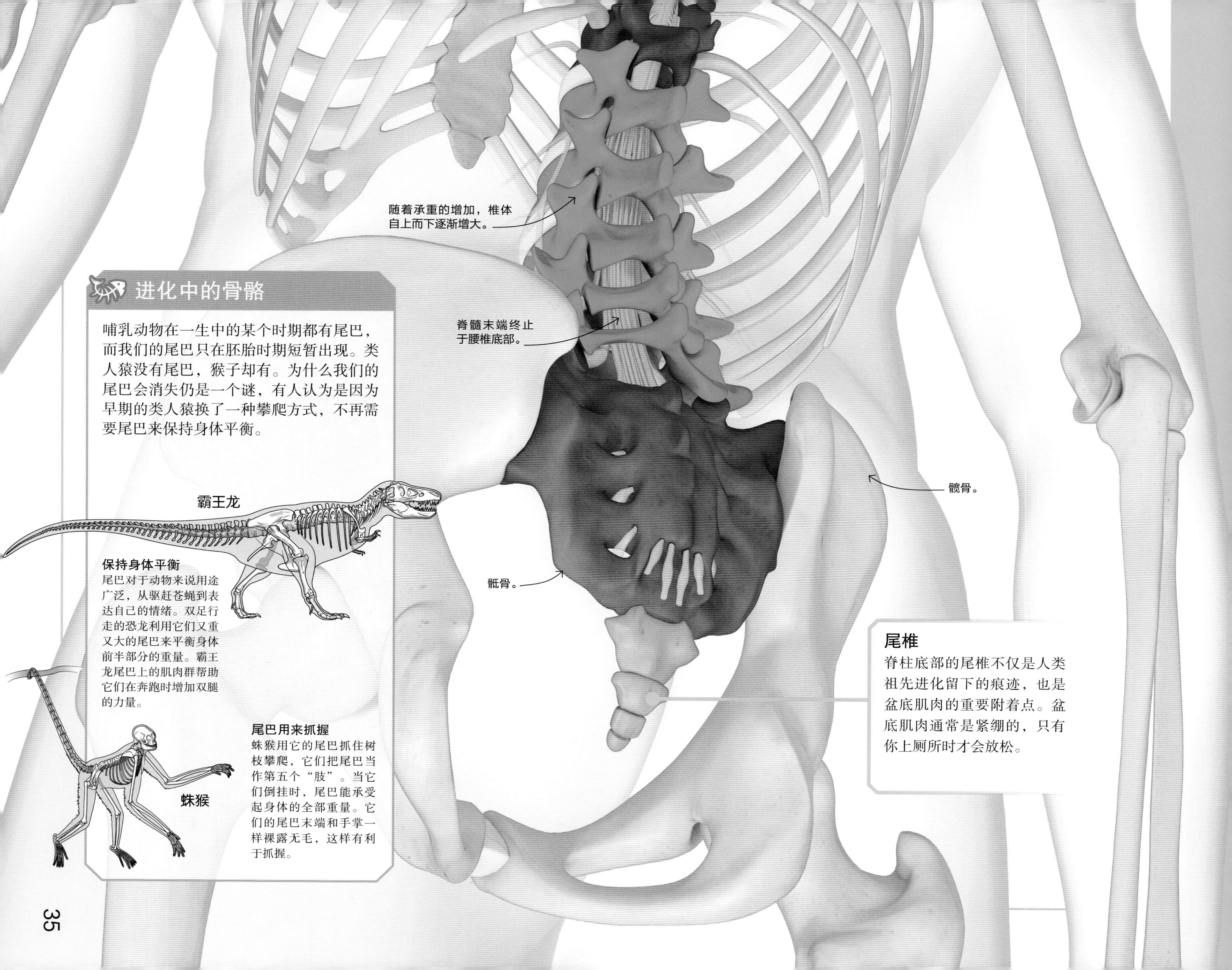

随着承重的增加，椎体自上而下逐渐增大。
脊髓末端终止于腰椎底部。
髋骨。
骶骨。
霸王龙
蛛猴

尾椎

脊柱底部的尾椎不仅是人类祖先进化留下的痕迹，也是盆底肌肉的重要附着点。盆底肌肉通常是紧绷的，只有你上厕所时才会放松。

进化中的骨骼

哺乳动物在一生中的某个时期都有尾巴，而我们的尾巴只在胚胎时期短暂出现。类人猿没有尾巴，猴子却有。为什么我们的尾巴会消失仍是一个谜，有人认为是因为早期的类人猿换了一种攀爬方式，不再需要尾巴来保持身体平衡。

保持身体平衡

尾巴对于动物来说用途广泛，从驱赶苍蝇到表达自己的情绪。双足行走的恐龙利用它们又重又大的尾巴来平衡身体前半部分的重量。霸王龙尾巴上的肌肉群帮助它们在奔跑时增加双腿的力量。

尾巴用来抓握

蛛猴用它的尾巴抓住树枝攀爬，它们把尾巴当作第五个“肢”。当它们倒挂时，尾巴能承受起身体的全部重量。它们的尾巴末端和手掌一样裸露无毛，这样有利于抓握。

骨骼原来如此奇妙！

想知道你的脊柱有多柔韧吗？看看你能向前、向后、向侧面弯曲多少度。你会发现，在每一个方向上能够弯曲的程度不一样。脊柱弯曲度最大的部位是腰部，因为这里没有肋骨阻挡，因此你可以在不屈膝的情况下，向前弯曲摸到自己的脚趾。

因为椎间盘受压慢慢变得扁平，人在晚上的身高要比早上刚起床时矮1厘米左右。

脊柱的运动

脊柱是身体中最主要的起到支撑作用的骨骼，它同时保护着脆弱的脊髓，所以它必须坚固。但脊柱也必须能让上半身活动自如，解决的方法就是椎体间可以一定程度发生相对运动，这些小幅度的运动叠加在一起，使得整个脊柱非常灵活——你能够向前、向后、向左、向右弯曲你的身体，甚至从一边扭到另一边。

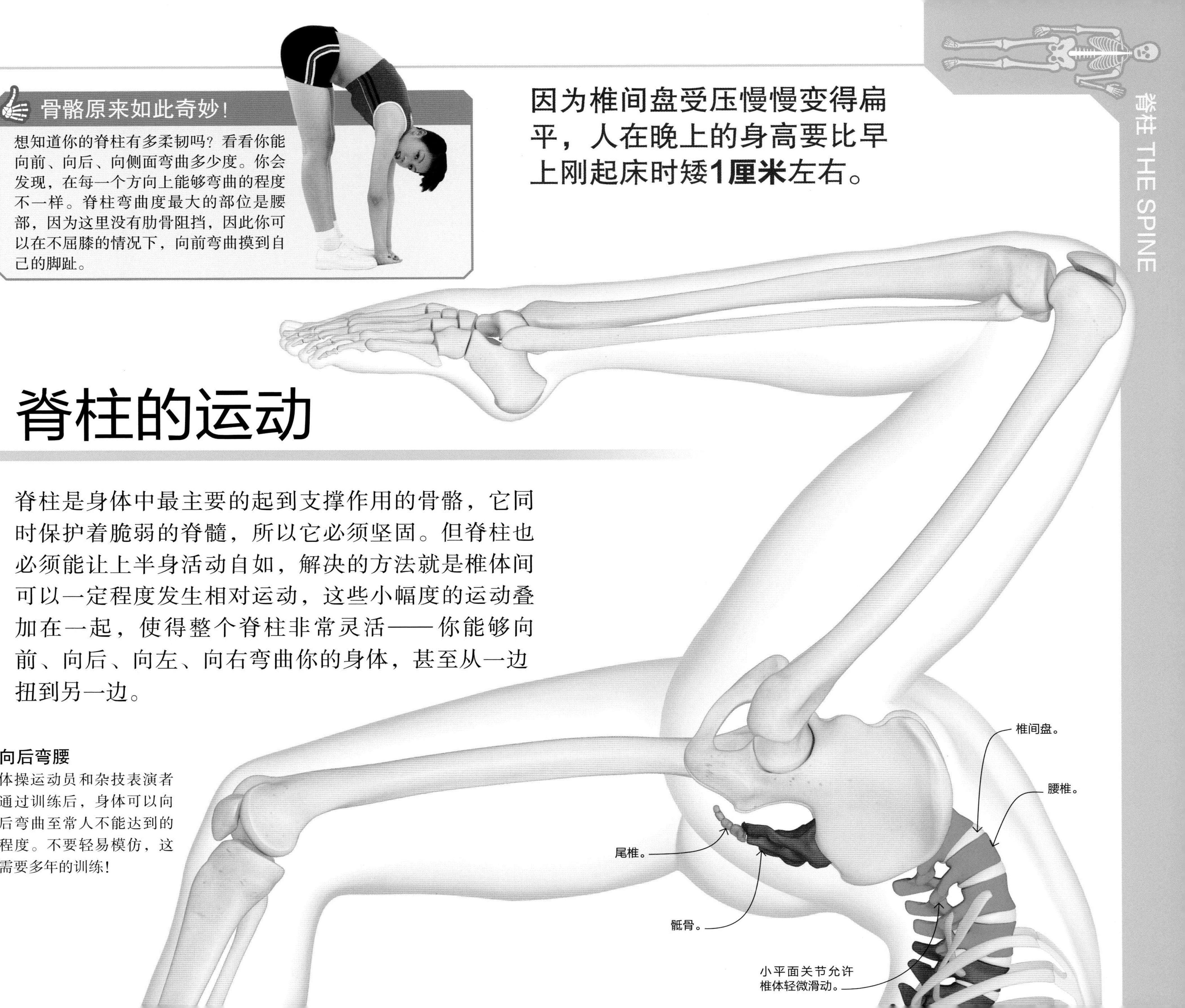

向后弯腰
体操运动员和杂技表演者通过训练后，身体可以向后弯曲至常人不能达到的程度。不要轻易模仿，这需要多年的训练！

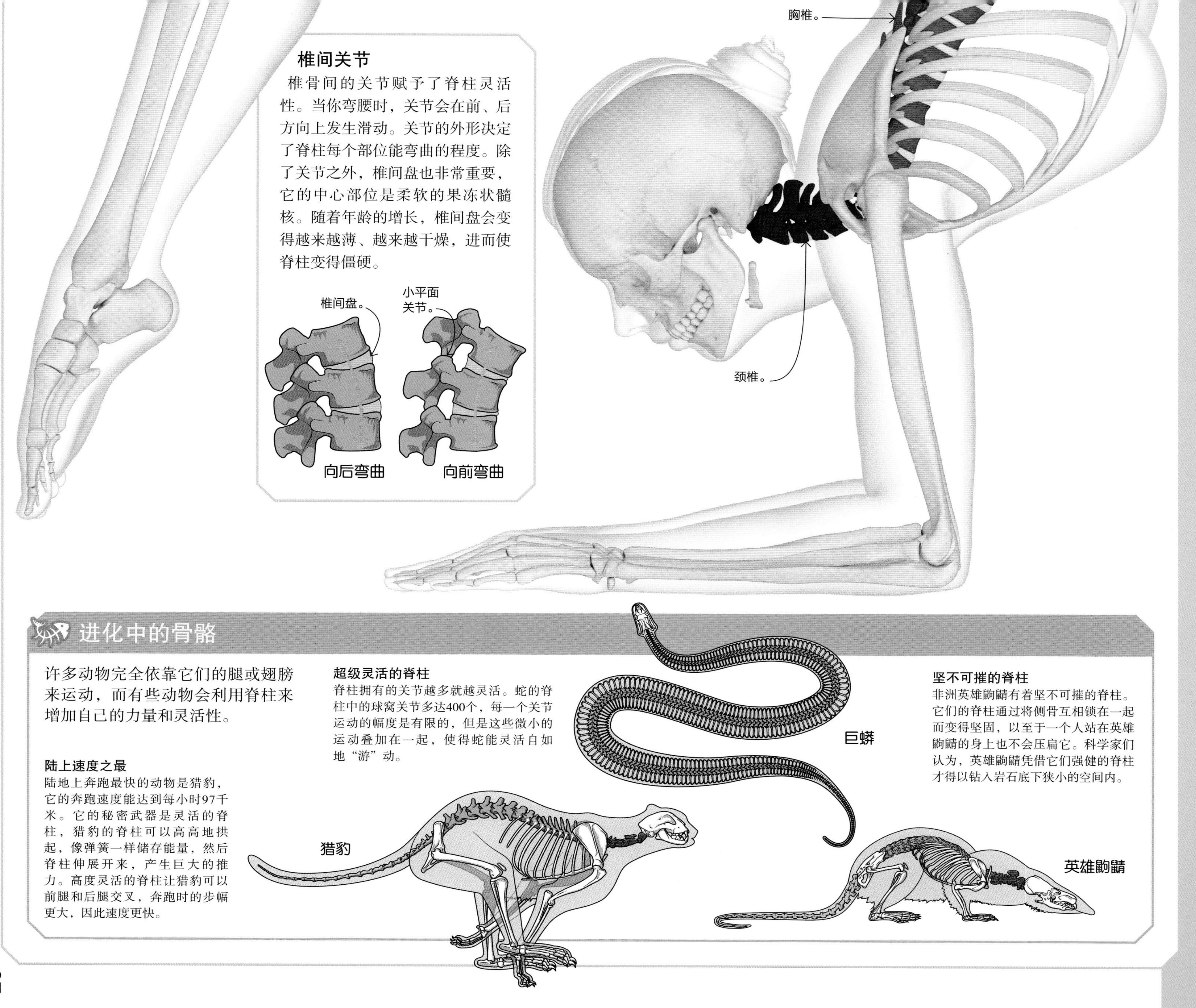

椎间关节

椎骨间的关节赋予了脊柱灵活性。当你弯腰时，关节会在前、后方向上发生滑动。关节的外形决定了脊柱每个部位能弯曲的程度。除了关节之外，椎间盘也非常重要，它的中心部位是柔软的果冻状髓核。随着年龄的增长，椎间盘会变得越来越薄、越来越干燥，进而使脊柱变得僵硬。

进化中的骨骼

许多动物完全依靠它们的腿或翅膀来运动，而有些动物会利用脊柱来增加自己的力量和灵活性。

陆上速度之最

陆地上奔跑最快的动物是猎豹，它的奔跑速度能达到每小时97千米。它的秘密武器是灵活的脊柱，猎豹的脊柱可以高高地拱起，像弹簧一样储存能量，然后脊柱伸展开来，产生巨大的推力。高度灵活的脊柱让猎豹可以前腿和后腿交叉，奔跑时的步幅更大，因此速度更快。

超级灵活的脊柱

脊柱拥有的关节越多就越灵活。蛇的脊柱中的球窝关节多达400个，每一个关节运动的幅度是有限的，但是这些微小的运动叠加在一起，使得蛇能灵活自如地“游”动。

坚不可摧的脊柱

非洲英雄鼩鼱有着坚不可摧的脊柱。它们的脊柱通过将侧骨互相锁在一起而变得坚固，以至于一个人站在英雄鼩鼱的身上也不会压扁它。科学家们认为，英雄鼩鼱凭借它们强健的脊柱才得以钻入岩石底下狭小的空间内。

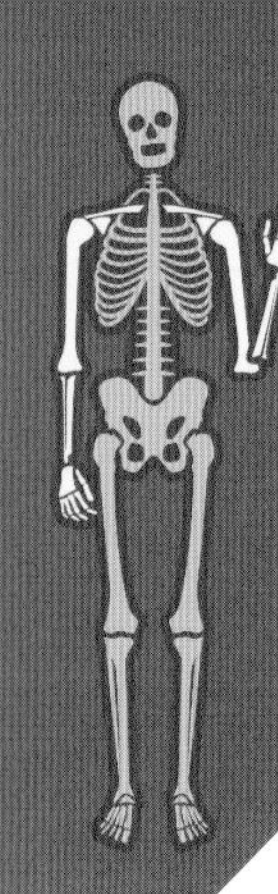

宽厚的肩膀

有时候动物身体的一部分结构经过微小的进化就能非常完美地适应很多不同的事物。人类的肩膀是人体内最灵活的关节。我们从类人猿那里继承了它们用来攀爬树木的灵活肩膀。当我们的祖先离开树林，灵活的肩膀又使我们能够完成很多其他的工作，从扛自己的孩子到使用危险的武器。

肩部骨骼

肱骨位于手臂上方，肩胛骨位于背部，锁骨位于身体前方，这3块骨块在肩部会合的同时为强大的肌肉提供了附着点，而这些肌肉可以通过收缩使手臂活动。

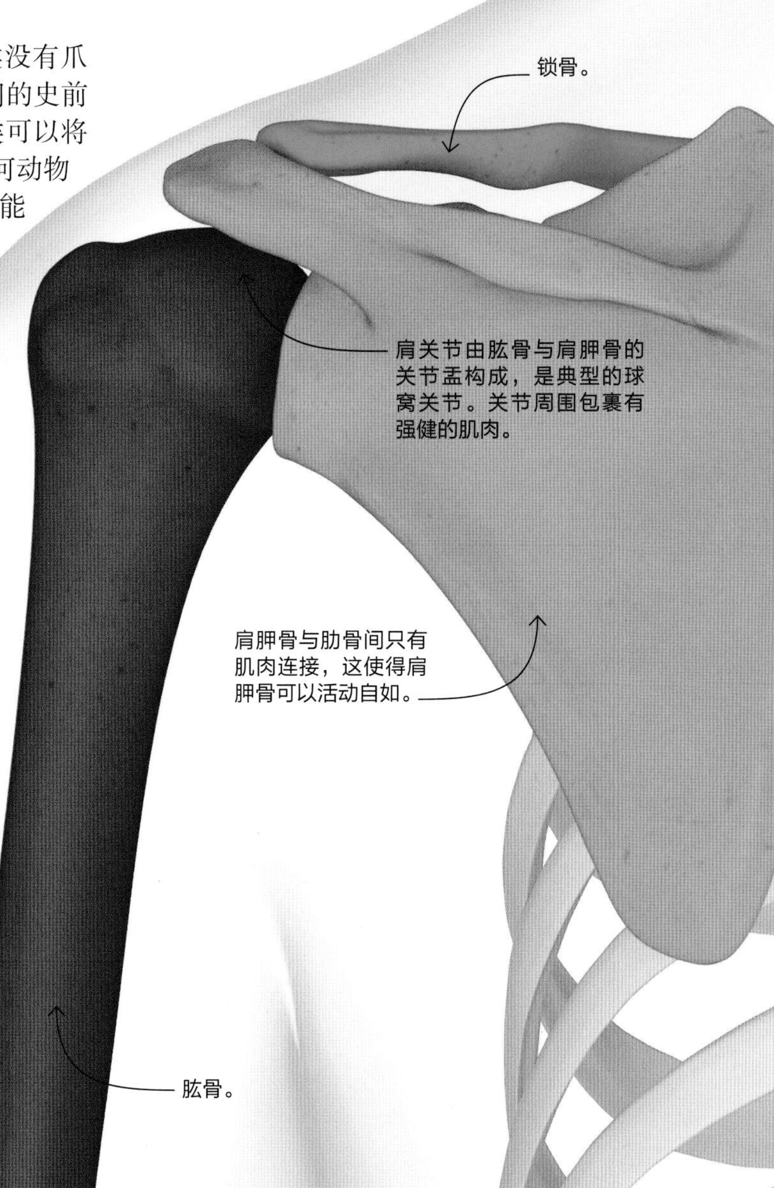

锁骨。
肩关节由肱骨与肩胛骨的关节盂构成，是典型的球窝关节。关节周围包裹有强健的肌肉。
肩胛骨与肋骨间只有肌肉连接，这使得肩胛骨可以活动自如。
肱骨。

因投掷而存在

和大多数肉食性哺乳动物不一样的是，人类没有爪子和大犬齿这样的捕猎工具。于是，我们的史前祖先依靠石头和长矛来杀死猎物。人类可以将手臂挥过头顶，这使得我们比其他任何动物都善于投掷。黑猩猩扔出的球时速能达到32千米，而12岁的小孩子扔出的球速度比这要快3倍，顶级棒球运动员扔出的球更是能达到时速169千米。

肩膀首次出现

大约4亿年前，当浅水鱼进化出肢体来帮助自己从沼泽中挣脱逃生时，肩膀在生命史上首次出现了。鱼类纤弱的鳍骨变得越来越结实，鳍骨数量也越来越少，最后形成了指头和脚趾。它们的头骨分开形成了可以固定前肢的肩胛带，并使得前肢与头部可以分开运动。这一重大变化为陆生动物的出现奠定了基础。

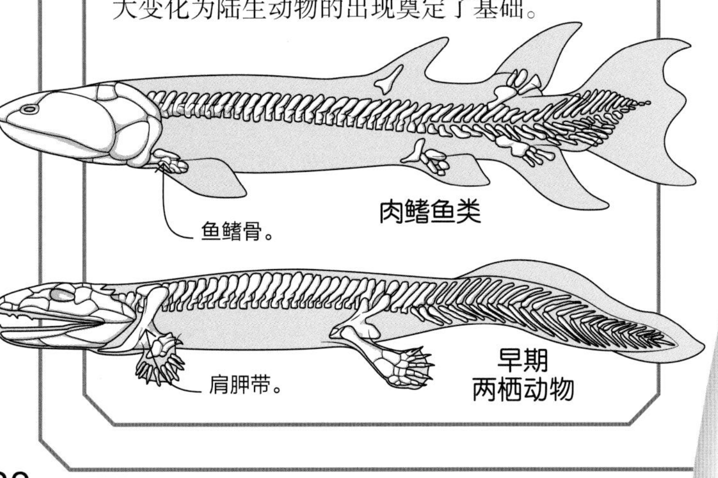

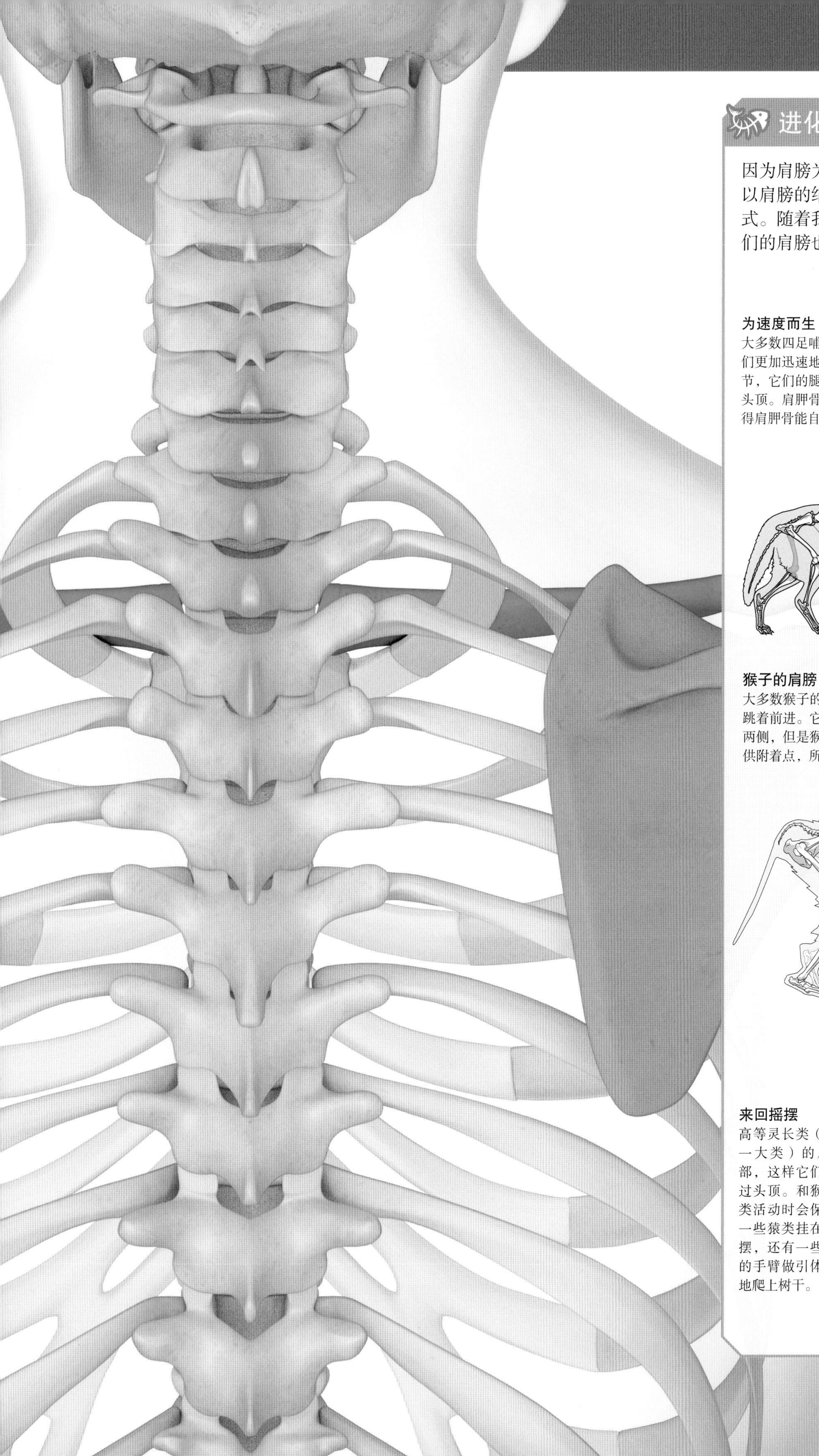

进化中的骨骼

因为肩膀为动物的前肢提供附着点，所以肩膀的结构可以体现出动物的运动方式。随着我们的祖先开始直立行走，他们的肩膀也变得越来越灵活。

为速度而生

大多数四足哺乳动物的肩膀结构，都是可以帮助它们更加迅速地行动。狗和狼的肩关节更像是滑车关节，它们的腿可以有力地前后摆动，但是不能超过头顶。肩胛骨长而窄，而且没有锁骨的束缚，这使得肩胛骨能自由摆动，奔跑时步子可以迈得更大。

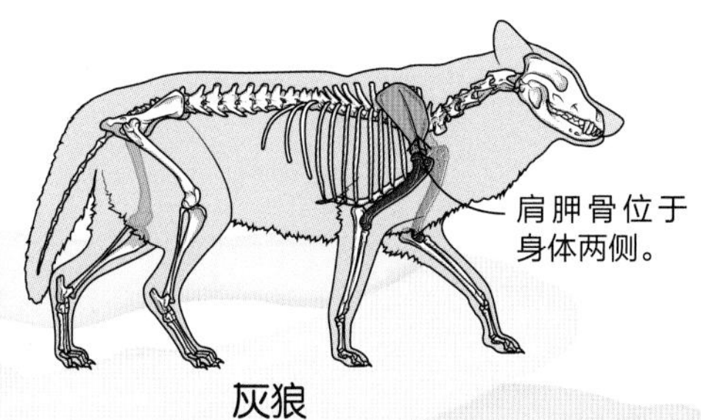

肩胛骨位于身体两侧。

灰狼

猴子的肩膀

大多数猴子的行走方式和狗类似，用四条腿蹦蹦跳跳着前进。它们的肩胛骨也和狗的一样位于身体的两侧，但是猴子有肩胛骨和锁骨来为攀爬肌肉群提供附着点，所以它们的攀爬能力比狗更强。

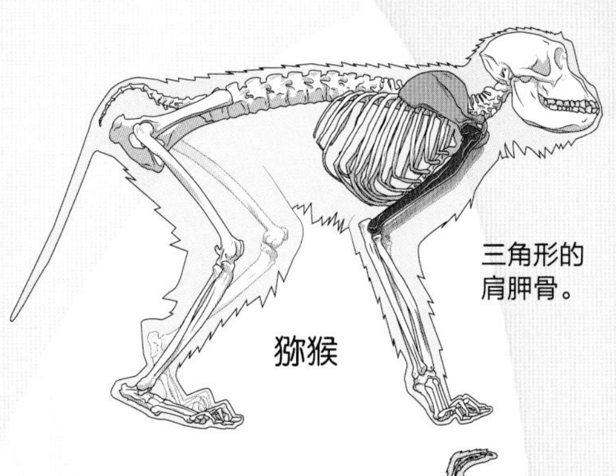

三角形的肩胛骨。

猕猴

白手长臂猿

来回摇摆

高等灵长类（人类也属于这一大类）的肩胛骨位于背部，这样它们的手臂可以伸过头顶。和猴子不一样，猿类活动时会保持胸部直立。一些猿类挂在树干上来回摇摆，还有一些会用它们强壮的手臂做引体向上，“腾”地爬上树干。

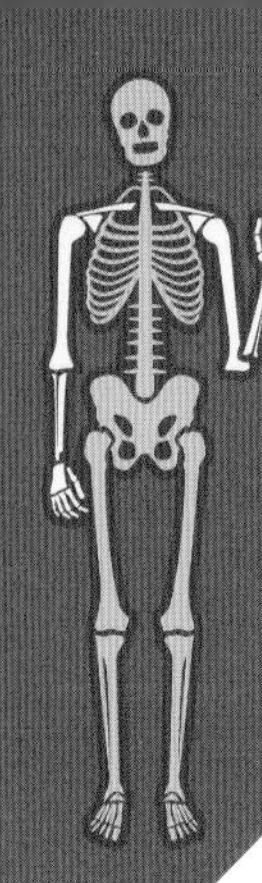

多用途的手臂

人类和其他动物有一个重大差异，那就是拥有一双强大有力的上肢。大多数动物的前肢只能用来帮助它们移动，比如行走、飞行、游泳或攀爬。我们的手臂却可以完成很多种工作。人类手臂骨骼的主要结构是3块长骨，它们与27块手骨协作，使人类的上肢具有非凡的适用性。

进化中的骨骼

除了鱼类，所有脊椎动物的肢体都是由3块主要的长骨和5块指骨（或趾骨）构成，进化使这种结构发生了很多不同的变化。

鳍状肢

鲸鱼和海豚的前肢是扁平的鳍状肢，可以用来掌控方向。它们的前肢看起来和我们的手臂完全不同，但其中的骨骼和我们手臂的骨骼几乎一样。然而，它们无用的后肢骨块早在数百万年前就已经退化了。

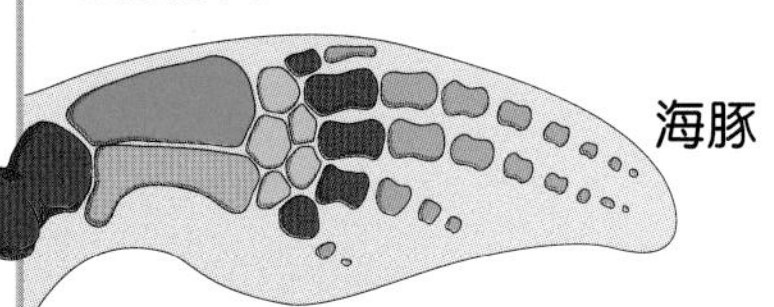

挖掘类

鼹鼠的前肢非常有力，手掌像铲子一样，可以用来挖掘。鼹鼠的手掌有6根手指，但第6根手指并不是真正的手指，它是由手腕的骨块分离而长出的，这个骨块人类也有，只是非常小。鼹鼠的肱骨呈钩状，为那些用来挖掘的强大肌肉群提供附着点。

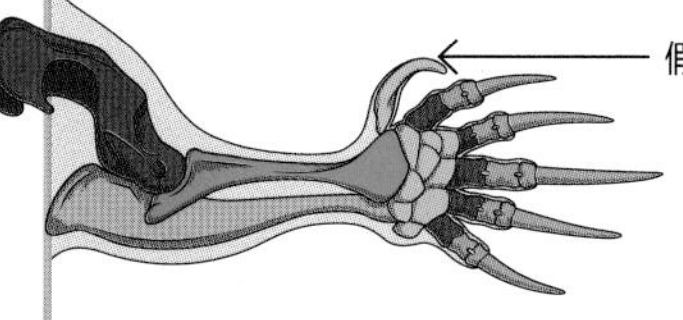

翅膀类

鸟类由小型的肉食性恐龙进化而来，这些恐龙每只前肢上只有3根手指。这3根手指的骨骼现在仍然存在于鸟类体内，只是其中2根的骨骼变得很短小。

鹰

肱骨

手臂上最长的骨是肱骨，其上端是极其灵活的肩关节，下端组成肘关节的一部分，肘关节是一个简单的滑车关节。

我们把肱骨末端的尺神经叫作麻筋，因为挤压它的时候会产生发麻的感觉。

骨骼原来如此奇妙！

你可以在身体的一些部位感受到心跳，因为这些部位的动脉（厚壁血管）能被压在骨块上。试一试，把手指牢牢地压在腕部中间，你将感受到有规律的跳动。你感受到的跳动是由心脏泵压血流进入动脉产生的。

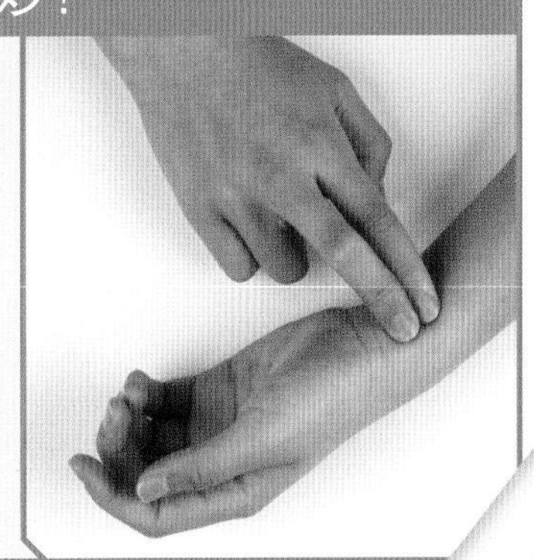

8块小腕骨构成了腕关节，使得手可以朝各个方向自由活动。

桡骨

和尺骨不一样，桡骨在肘部形成的不是简单的滑车关节，所以桡骨还能转动。桡骨的另一端和腕骨连接构成了腕关节。

尺骨

尺骨是前臂上较大的骨块，它的一端与肱骨连接构成了滑车关节，上臂强有力的肌肉群可以屈伸这个滑车关节。

你上臂的肱二头肌很有力，可以通过牵拉桡骨使手臂屈曲。

旋转运动

前臂有两块骨骼：尺骨和桡骨。尺骨构成了肘关节的主要结构，桡骨构成了腕关节的主要结构，它们一起作用，使得你的前臂可以做前屈、后伸运动，也可以做旋前、旋后运动。试一试，先把你的手臂伸出，手掌向上，然后把手掌翻过来朝下。当你做这个动作的时候，你的桡骨绕着尺骨转动，这个旋转动作让我们可以转动钥匙、拧螺丝刀和做一些其他的工作。

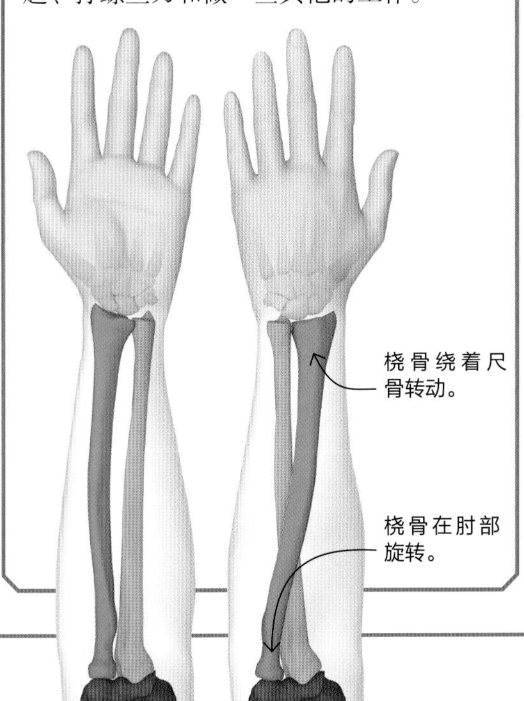

桡骨绕着尺骨转动。

桡骨在肘部旋转。

骨骼原来如此奇妙！

将你的手背按压在墙上，保持手臂伸直，坚持30秒后离开墙面。你会发现手臂仿佛被一种无形的力量抬了起来，不自觉地“飘浮”在空中。这种现象被称为康斯塔姆现象，是由大脑神经信号的传递方式引起的，但是这种现象的作用还不得而知。

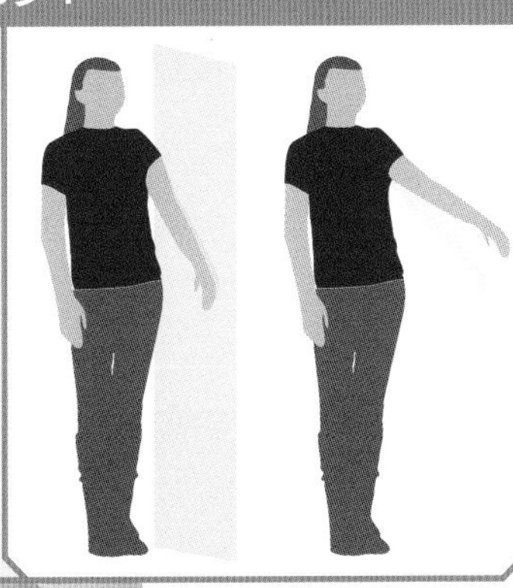

动作技能

人类的手能做很多不同的事情，但是这些技能不是凭空而来的，你必须通过练习才能获得。学会打响指或系鞋带可能需要几周，学会演奏乐器则需要数年。练习可以使大脑控制肌肉的部位记住这些动作，形成动作技能。一旦你形成了某一动作技能，它将会伴随你一生。

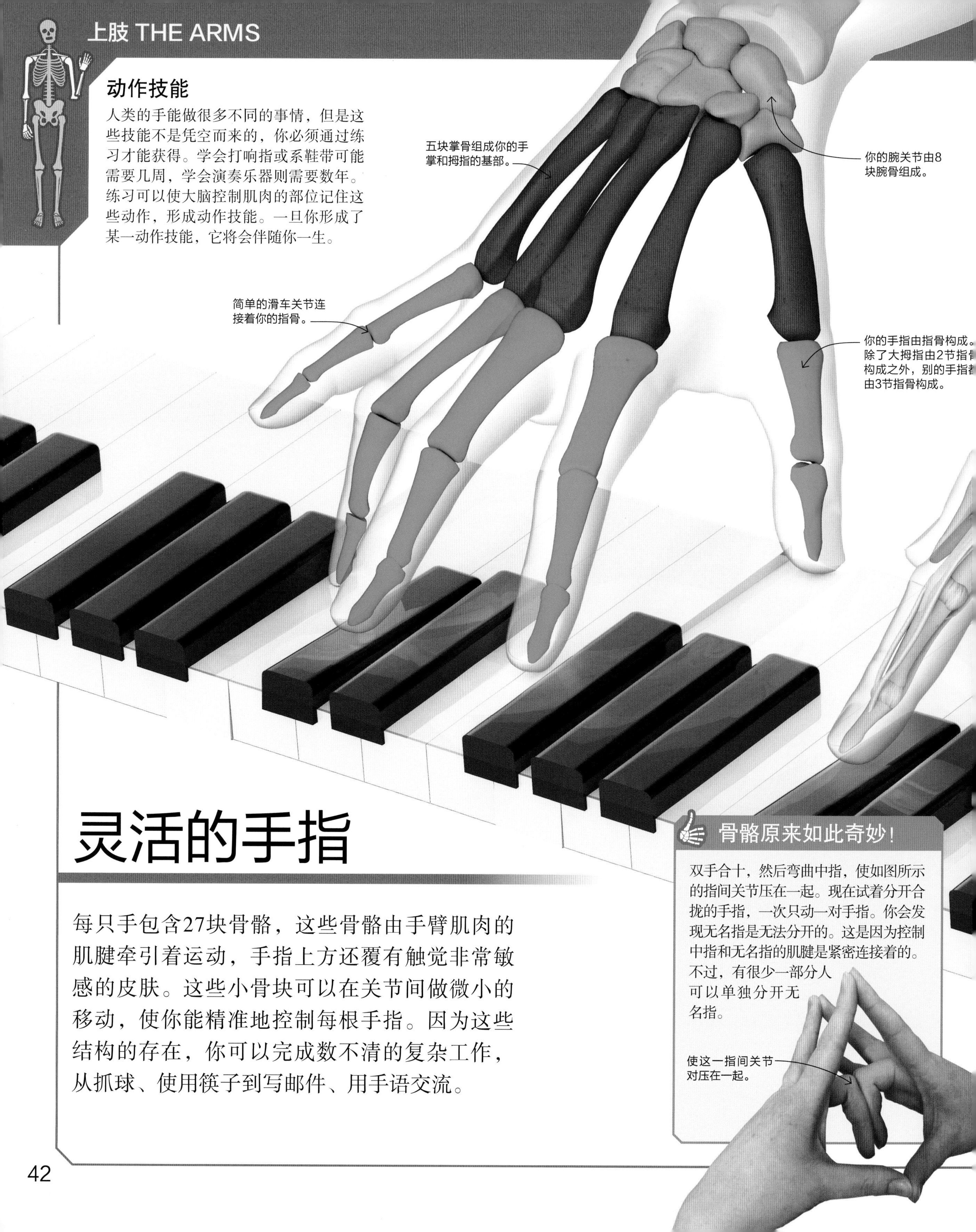

五块掌骨组成你的手掌和拇指的基部。
你的腕关节由8块腕骨组成。
简单的滑车关节连接着你的指骨。
你的手指由指骨构成。除了大拇指由2节指骨构成之外，别的手指都由3节指骨构成。
使这一指间关节对压在一起。

灵活的手指

每只手包含27块骨骼，这些骨骼由手臂肌肉的肌腱牵引着运动，手指上方还覆有触觉非常敏感的皮肤。这些小骨块可以在关节间做微小的移动，使你能精准地控制每根手指。因为这些结构的存在，你可以完成数不清的复杂工作，从抓球、使用筷子到写邮件、用手语交流。

骨骼原来如此奇妙！

双手合十，然后弯曲中指，使如图所示的指间关节压在一起。现在试着分开合拢的手指，一次只动一对手指。你会发现无名指是无法分开的。这是因为控制中指和无名指的肌腱是紧密连接着的。不过，有很少一部分人可以单独分开无名指。

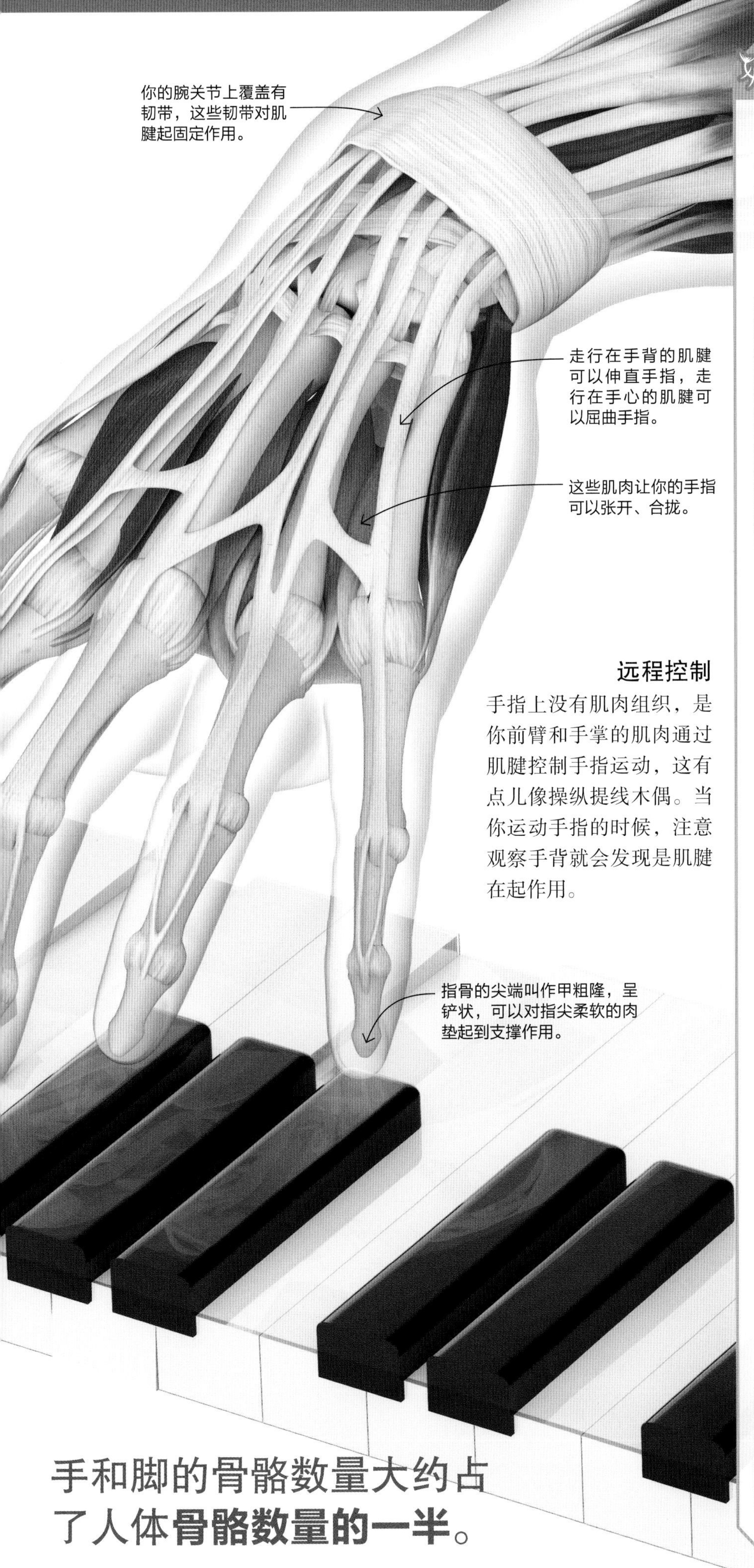

你的腕关节上覆盖有韧带，这些韧带对肌腱起固定作用。
走行在手背的肌腱可以伸直手指，走行在手心的肌腱可以屈曲手指。
这些肌肉让你的手指可以张开、合拢。
指骨的尖端叫作甲粗隆，呈铲状，可以对指尖柔软的肉垫起到支撑作用。

远程控制

手指上没有肌肉组织，是你前臂和手掌的肌肉通过肌腱控制手指运动，这有点儿像操纵提线木偶。当你运动手指的时候，注意观察手背就会发现是肌腱在起作用。

手和脚的骨骼数量大约占了人体**骨骼数量的一半**。

进化中的骨骼

大多数四足动物行走的过程中需要用到前肢，而人类是直立行走的，这样解放出来的双手可以用来做其他的工作。然而，我们并不是发现前肢有新用途的唯一物种。

指猴

用于挖掘的手指

指猴的枝状中指比其他物种都要细。它们将中指深深地戳入朽木中，抠出其中的昆虫幼虫。不过完成这一动作之前，需要先确定虫的位置：指猴会敲击朽木，然后用大耳朵听是否有昆虫虫洞发出的声音。

用于飞翔的手指

蝙蝠的指骨构成它们膜状翅膀的骨架。尽管蝙蝠的指骨很长，但是比其他哺乳动物的指骨软一些，因为蝙蝠缺少含钙矿物质。这也使得它们的翅膀在每一次扇动时更容易弯曲，从而加强了它们的飞行能力。

灰长耳蝙蝠

三趾树懒

方便的钩子

树懒的爪子又长又弯，这让它们可以轻松地悬挂在树上，甚至可以挂在树上睡觉。所有的树懒后脚上都有3根脚趾，但是所谓的二趾树懒前脚上只有2根手指，而三趾树懒的前脚有3根手指。

空天猎手

眼镜猴拥有长长的手指和宽大的指腹，这不仅利于它们握住树木攀爬，还利于它们捕获猎物。它们尾随猎物，然后把手指当作“笼子”抓捕飞行的昆虫、蝙蝠，甚至半空中的鸟。

菲律宾眼镜猴

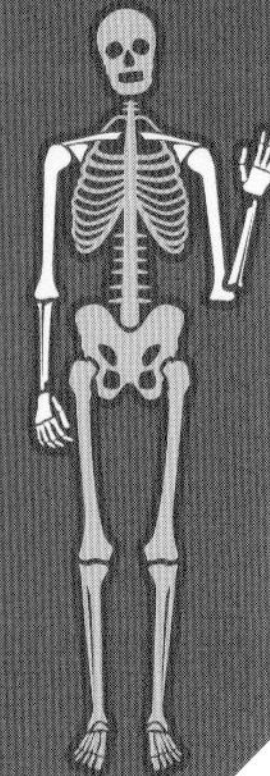

手指的运动

掐指动作看似简单，但是其他哺乳动物，甚至像我们一样拥有5根手指的动物也不会做。这个动作使我们可以精准灵活地捡起和握住物体，这是其他动物望尘莫及的。假如没有这一独特的技能，人类将不能发明工具，人类世界也不会如此丰富多彩。

指腹又厚又软，这样可以让物体陷进去一点，从而更好地抓住物体。

相对的大拇指

因为大拇指和其他手指的运动方向相反，我们称它们是相对的。我们从生活在树上的灵长目动物祖先那里继承了这一特征。它们之前利用相对的大拇指来攀爬，离开树林后，攀住树枝的手开始用来握住工具，手变得越来越适于操纵工具：大拇指变长，其他四指变短，指尖可以对合。

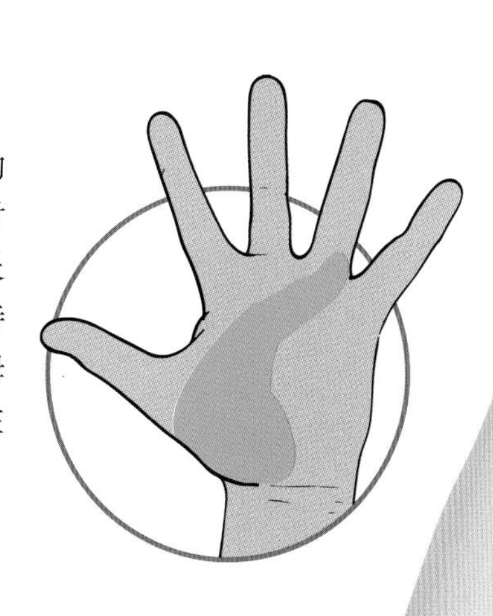

大脑用来控制大拇指的区域占了控制手部活动的**大脑区域的一半**。

大拇指基底部是鞍状关节。之所以叫鞍状关节，是因为这种关节像是人骑在马背上一样。我们的大拇指可以朝各个方向活动，但不能扭动。

骨骼原来如此奇妙！

想知道大拇指到底有多大用处吗？让朋友用胶带将你的大拇指和手掌绑在一起，使你无法使用大拇指。然后试着用4根手指完成这些事情：

- 打开水龙头
- 拍球
- 扒香蕉皮
- 给衬衫系扣
- 写下你的名字
- 给气球打气
- 系鞋带

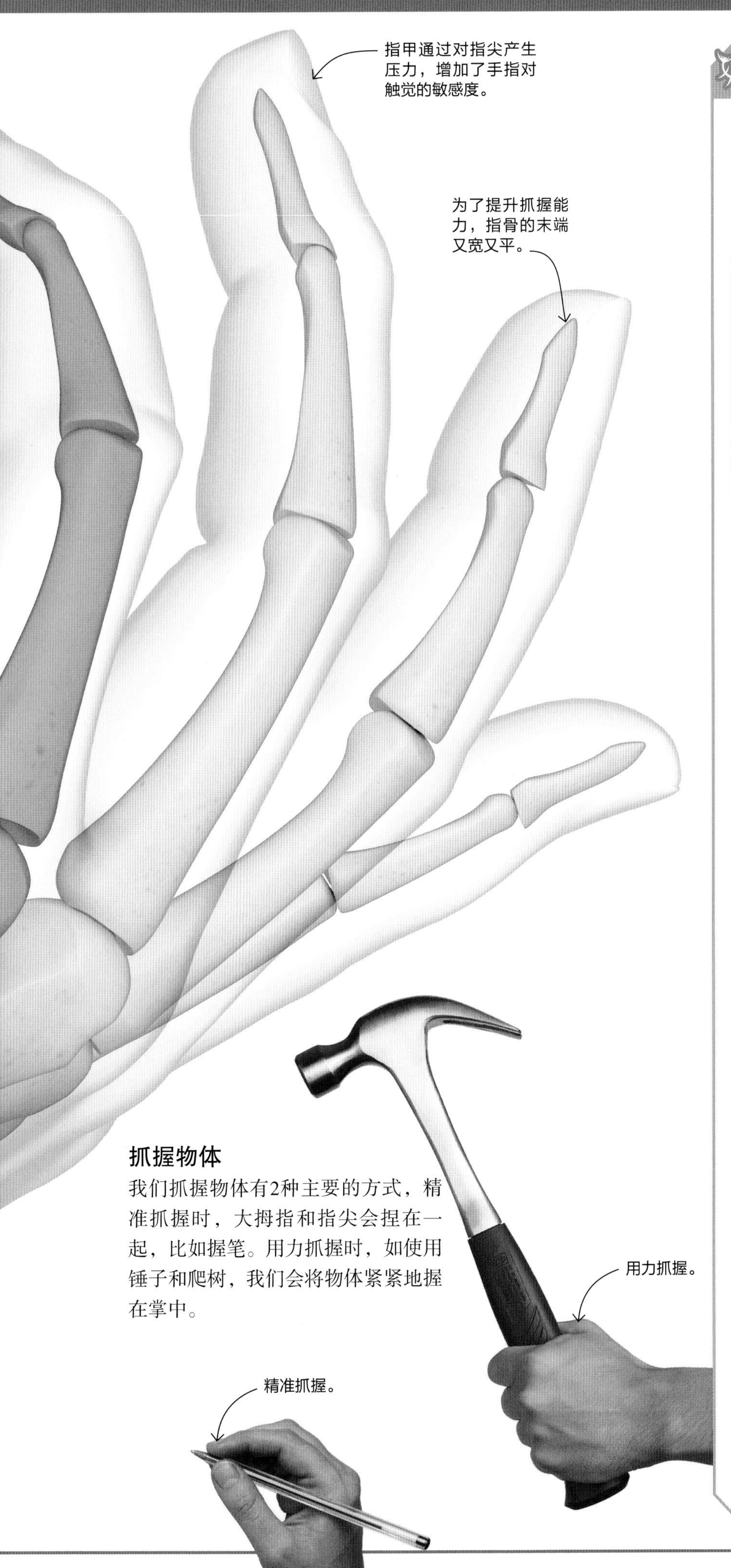

指甲通过对指尖产生压力，增加了手指对触觉的敏感度。
为了提升抓握能力，指骨的末端又宽又平。
用力抓握。
精准抓握。

抓握物体

我们抓握物体有2种主要的方式，精准抓握时，大拇指和指尖会捏在一起，比如握笔。用力抓握时，如使用锤子和爬树，我们会将物体紧紧地握在掌中。

进化中的骨骼

与4个手指相对生长的大拇指不是人类独有的，很多动物也有。但大多数动物还需要把它们的前肢当作行走或者攀爬的工具，所以它们大拇指的工作方式和我们大不相同。

短短的大拇指

黑猩猩的大拇指较短，其余四指较长，这种结构有利于它们爬树以及悬挂在树枝上。它们不能将大拇指压在其余手指的指尖上，但它们能够将大拇指压在食指侧面进而握住工具。

没有大拇指

蛛猴没有大拇指，它们用四指当钩子将自己挂在树枝上。其他有大拇指的猴子会互相打理毛发来表示好感，但是蛛猴的手做这些很费力，所以它们用互相拥抱来表示好感。

两个大拇指

考拉的手有两个大拇指，两个大拇指都长有尖锐的长爪，这使考拉可以紧紧地抓住树枝。它们的后脚也非同寻常，两个脚趾融合在一起，形成一个带有两个长爪的脚趾。

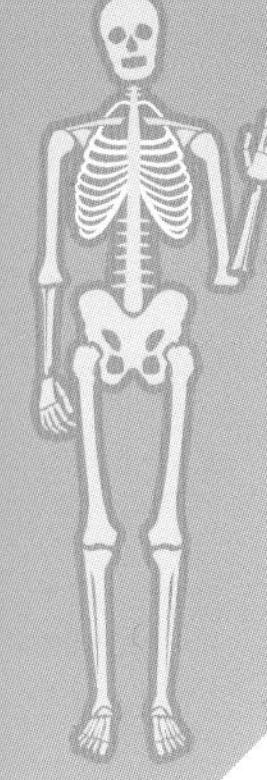

深呼吸

用手指滑过胸部侧面，你能触摸到你的肋骨。这12对又长又弯的骨骼环绕着你的胸部形成坚实的屏障。没有它们，你的胸部会塌陷进去，你的肺部将无法工作。胸廓不是僵硬的框架，它的后面有关节，它的前方有富有弹性的肋软骨。这些组合在一起，使胸廓在呼吸时可以扩大和缩小。

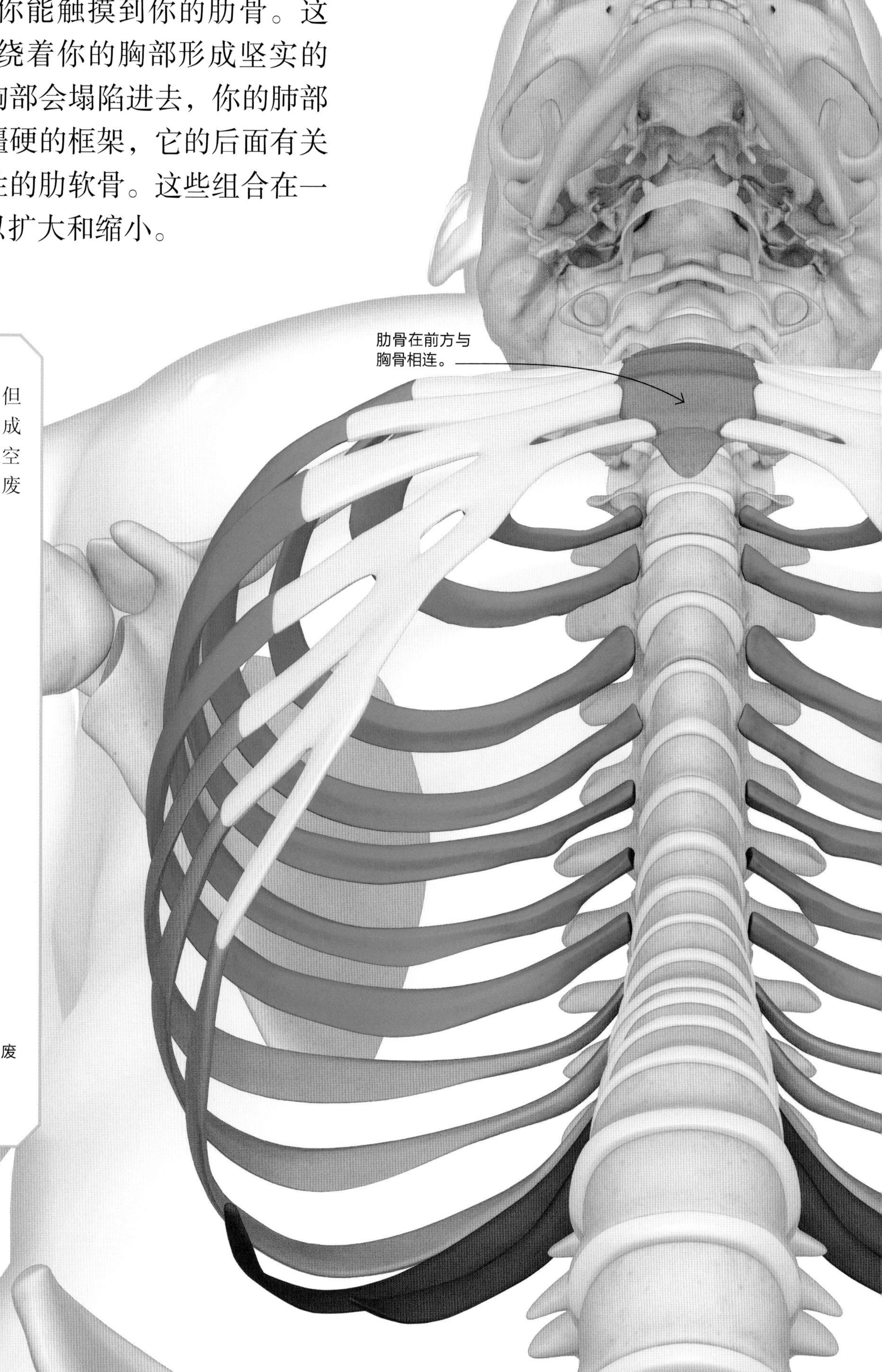

呼吸

你的肋骨在呼吸中扮演着重要角色，但吸气的大部分工作都是由你的膈肌完成的。肺下方的这块穹顶状肌肉下拉把空气吸进肺部，然后回升成穹顶状，把废气呼出。

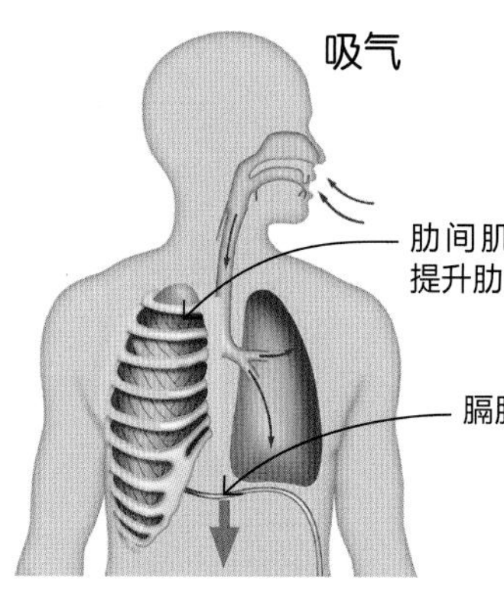

吸气
肋间肌收缩，
提升肋骨。
膈肌用力下拉。

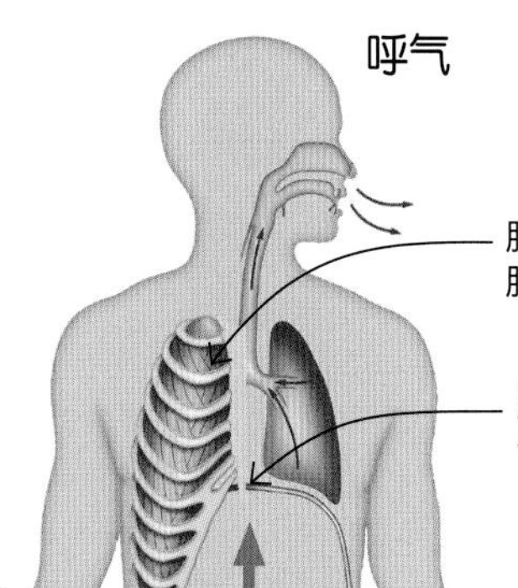

呼气
肋间肌舒张，
肋骨下沉。
膈肌回升，将废
气挤出肺部。

保护笼

你的肋骨、脊柱和胸骨在你的大部分重要器官周围形成一个“笼子”，保护着这些生存所必需的器官。上肋骨保护你的肺和心脏，而下肋骨保护你的肝脏、胃和肾脏。

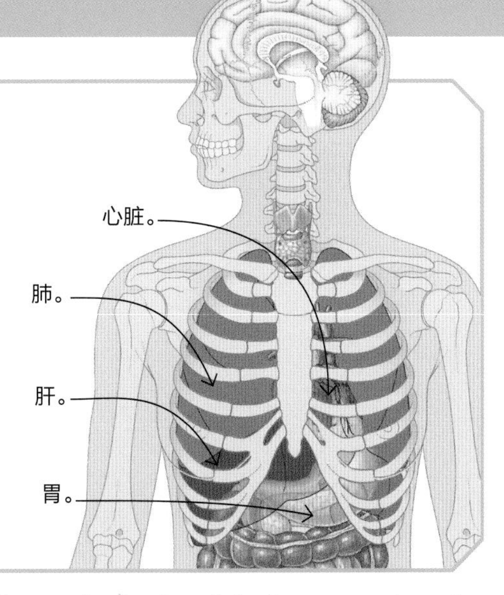

人在恐惧时会倒抽气，这时胸廓的扩张度可达**12厘米**。

有弹性的肋软骨使得胸廓能够扩展。

上部与胸骨相连的7对肋骨叫作真肋。

假肋（第8、9、10对肋骨）与上面的肋骨相连。

浮肋（第11、12对肋骨）的前段不与任何东西相连。

进化中的骨骼

几乎所有的脊椎动物都有肋骨，但由于鱼类不通过肺呼吸，它们的肋骨纤细而柔韧。陆生动物都进化出了结实的肋骨，并且结构各不相同。

折叠的肋骨

当海豹潜入深水时，强大的水压挤压着它的身体。肋骨与胸骨、脊柱形成的关节非常柔韧，使得海豹的肋骨可以折转。水压很高时，海豹的整个胸廓会向下折，这样骨头就不会断裂。

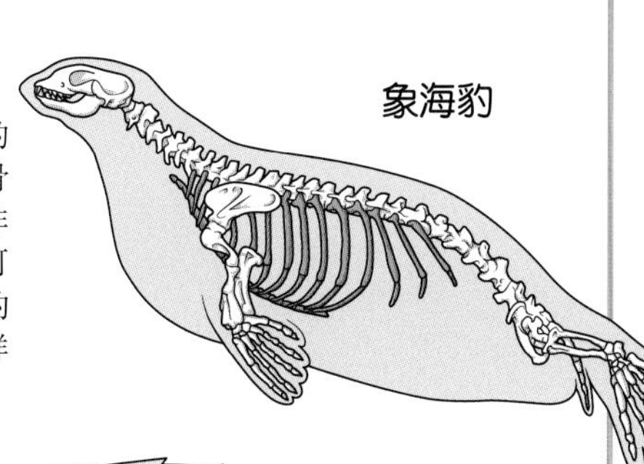

僵硬的肋骨

鸟类的肋骨是僵硬的，这样在飞行过程中，它们扇动翅膀也不会影响到肺。鸟类巨大而强壮的飞行肌群附着在胸骨延长的特殊部位，这个部位叫作龙骨。

龙骨。

鸽子

马

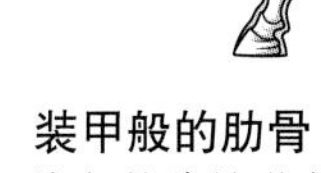

同步呼吸

一些四足动物在奔跑时，呼吸的节奏和奔跑的节奏一致，腹部里柔软的器官随着奔跑前后移动，以此帮助肺推出和吸入气体。

装甲般的肋骨

海龟的肋骨形成了具有保护性的龟壳，但这也意味着肋骨不能用于呼吸。它们要靠肺周围特殊的肌肉群挤压和扩张肺部进而呼出和吸入气体。

海龟

用于飞行的肋骨

飞蜥的翅膀由薄薄的皮肤和长长的肋骨组成，借助这对翅膀它们可以滑行一段距离。当飞蜥着陆后，它们的翅膀会向内收起来。

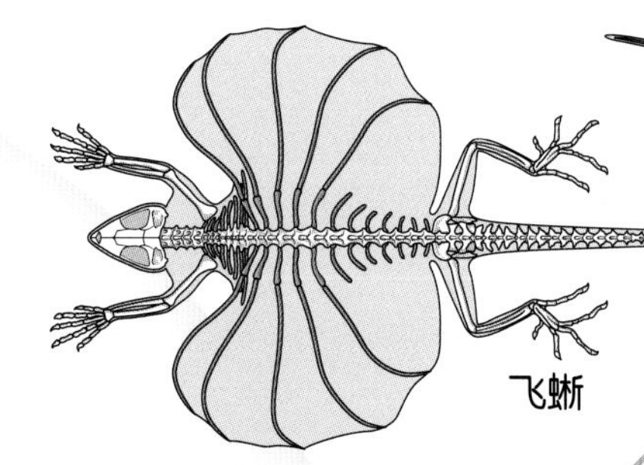

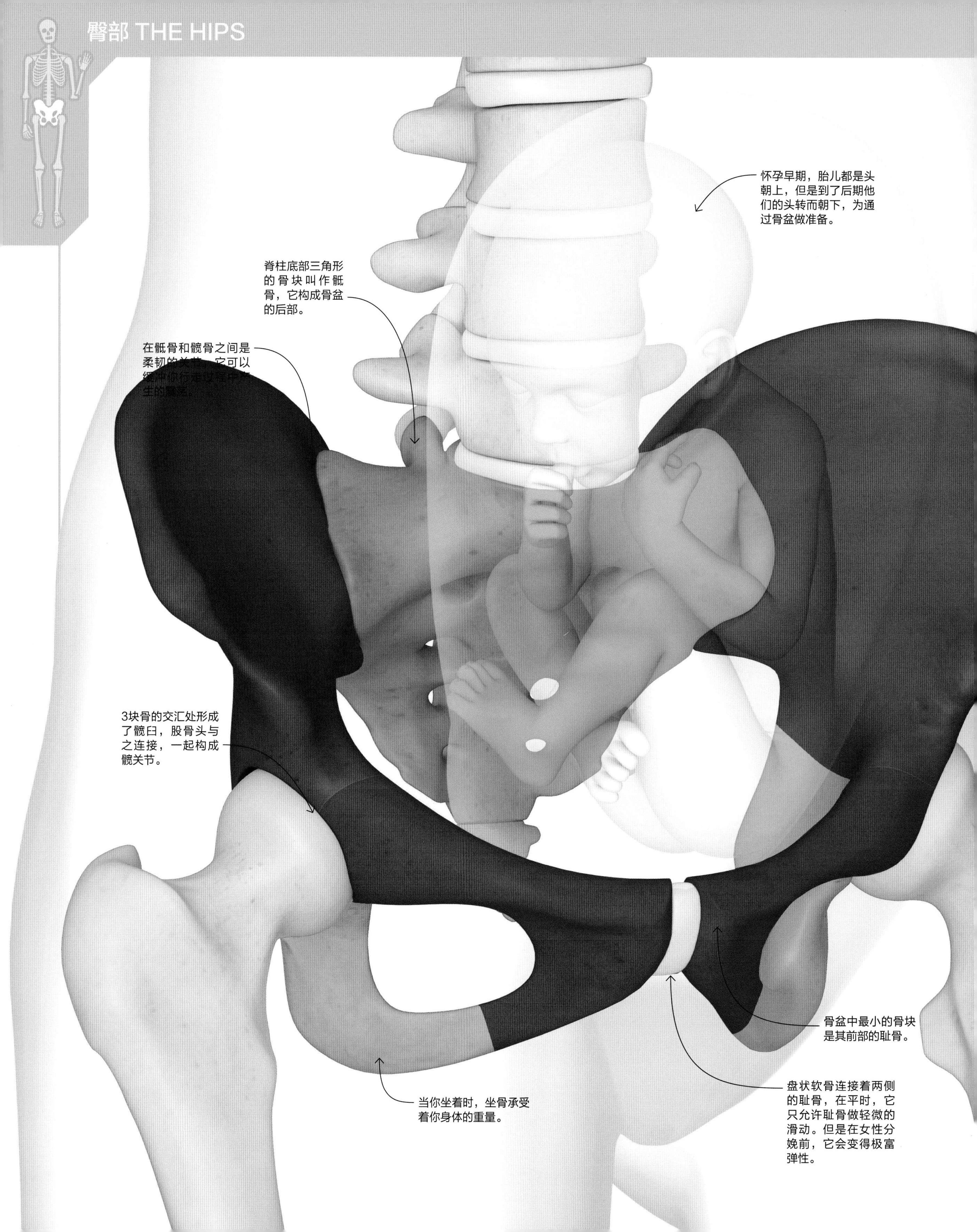
怀孕早期，胎儿都是头朝上，但是到了后期他们的头转而朝下，为通过骨盆做准备。
脊柱底部三角形的骨块叫作骶骨，它构成骨盆的后部。
在骶骨和髋骨之间是柔韧的关节，它可以缓冲你行走过程中产生的震荡。
3块骨的交汇处形成了髋臼，股骨头与之连接，一起构成髋关节。
骨盆中最小的骨块是其前部的耻骨。
当你坐着时，坐骨承受着你身体的重量。
盘状软骨连接着两侧的耻骨，在平时，它只允许耻骨做轻微的滑动。但是在女性分娩前，它会变得极富弹性。

骨盆

把你的手放在你的臀部，你能摸到一块骨头，这就是你的髋骨。髋骨是骨盆的一部分，而骨盆是一个坚固的骨环，连接着你的腿和脊柱。人类的骨盆之所以宽大，是因为它需要为体内最强壮的肌肉群提供附着点，这个肌肉群让你可以站立和行走。骨盆的上口是碗盆形，就像一个摇篮，装着肚子里的器官和母亲子宫里的胎儿。

骨盆上最大的骨块是髂骨，髂嵴为那些用于站立和行走的肌肉群提供附着点。

骨盆的形成

你刚出生的时候，你的骨盆还是许多分离的骨块，但在你的成长过程中，大部分骨块会慢慢地融合在一起，到成年后便融合成了一个更坚固的结构。如左图所示，中间那个青绿色的部分是你脊柱的底部。两边各有3块骨头组成了你的髋骨。

进化中的骨骼

因为骨盆是动物后腿肌肉的附着点，所以它的形状反映了动物走路、跑步或游泳的方式。

直立行走类

人类是直立行走的，我们的骨盆比四足动物的骨盆短得多。因为这样脊柱底部就更靠近髋关节，可以提高我们直立时身体的稳定性。

人类

多样方式移动类

大猩猩的骨盆比我们的长，这使它们能以多种方式行走。大猩猩在地面上通常用四肢行走，但它们也能站立起来用前肢击打胸部，甚至可以只用后肢走上几步。

大猩猩

退化的骨盆

鲸鱼在适应海洋生活的过程中，后腿完全消失了，但骨盆并没有全部消失。鲸鱼体内仍然存在骨盆，只是没有与其他骨骼相连，不过，仍然有肌肉附着在这个骨盆上。

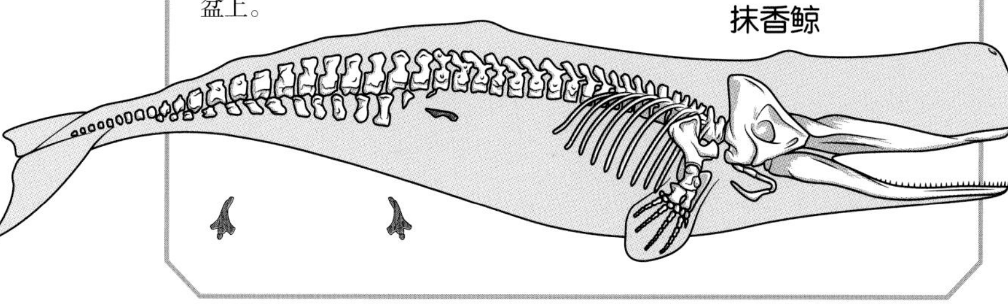

性别差异

女性的骨盆和男性形状不同。当女性分娩时，婴儿必须从骨盆中央的开口出来。为了使这个过程变得容易，女性盆腔的下口更大，所以整个骨盆相比男性要宽一些。

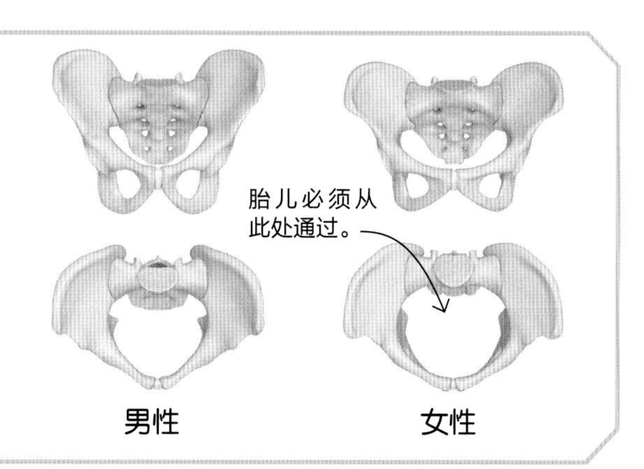

扭动臀部

髋关节的大小仅次于你的膝关节，但它不是“傻大个”，它是你身体中最灵活的关节之一。它几乎可以朝任何方向移动，因此你能够前、后、左、右摆动你的腿，甚至扭动屁股。当你行走或奔跑时，髋关节承受的重量大于你的体重，它的运动范围还如此之大，因此，人类的髋关节比用四条腿走路的哺乳动物要大得多。

坚韧的韧带使骨骼维持原位，防止关节头从关节窝中滑出。

肌肉组织。

关节软骨有助于关节平滑移动。

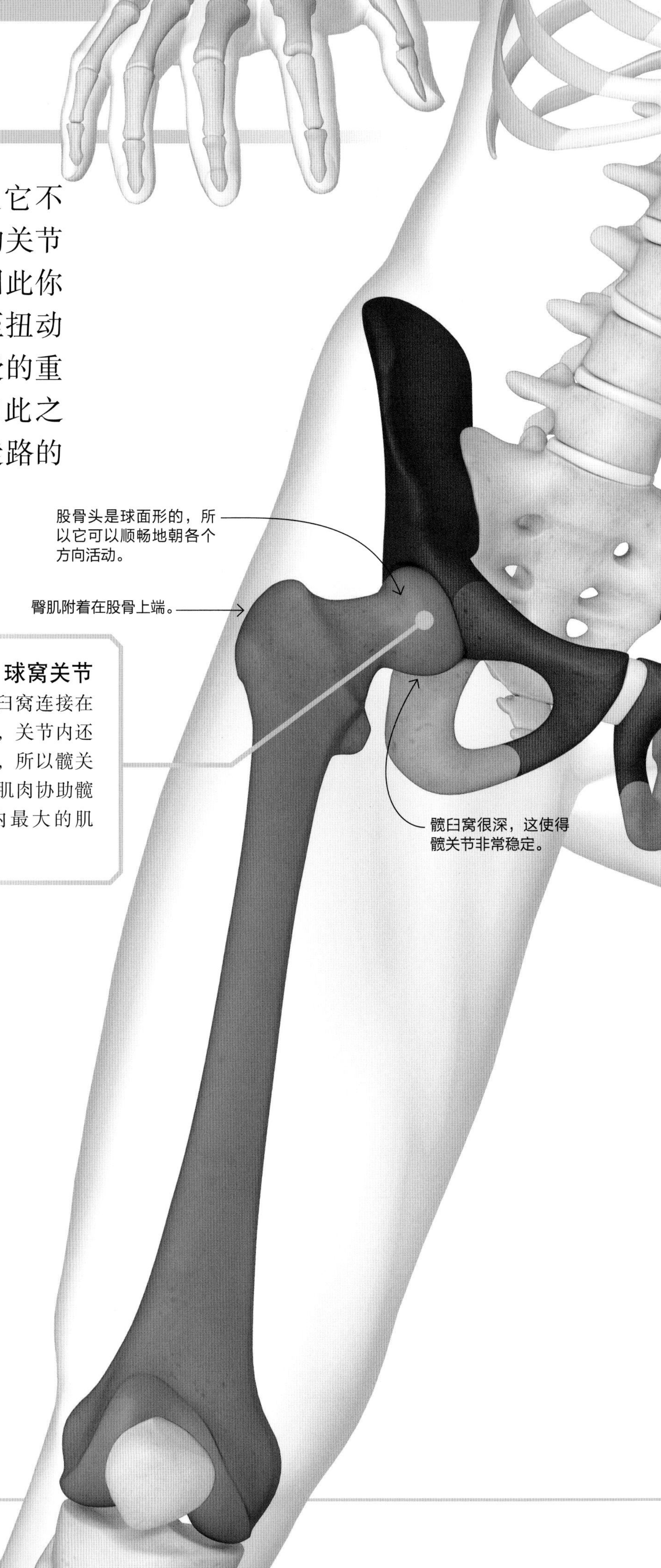

股骨头是球面形的，所以它可以顺畅地朝各个方向活动。
臀肌附着在股骨上端。
髋臼窝很深，这使得髋关节非常稳定。

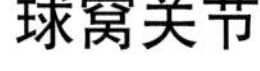

球窝关节

髋关节是股骨头与髋臼窝连接在一起形成的球窝关节，关节内还有关节软骨和关节液，所以髋关节非常灵活。20多块肌肉协助髋关节活动，包括体内最大的肌肉——臀大肌。

骨骼原来如此奇妙！

测试一下你的髋关节运动范围有多大：用手扶住椅子，单腿站立，把另一条腿向各个方向移动。髋关节在哪个方向上运动的角度最大——前面，后面，还是侧面？

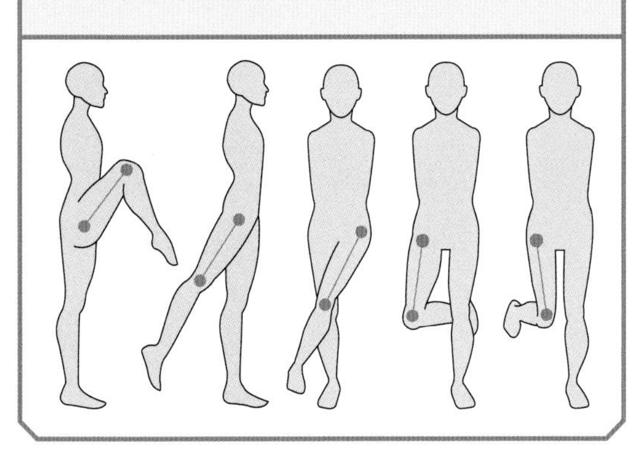

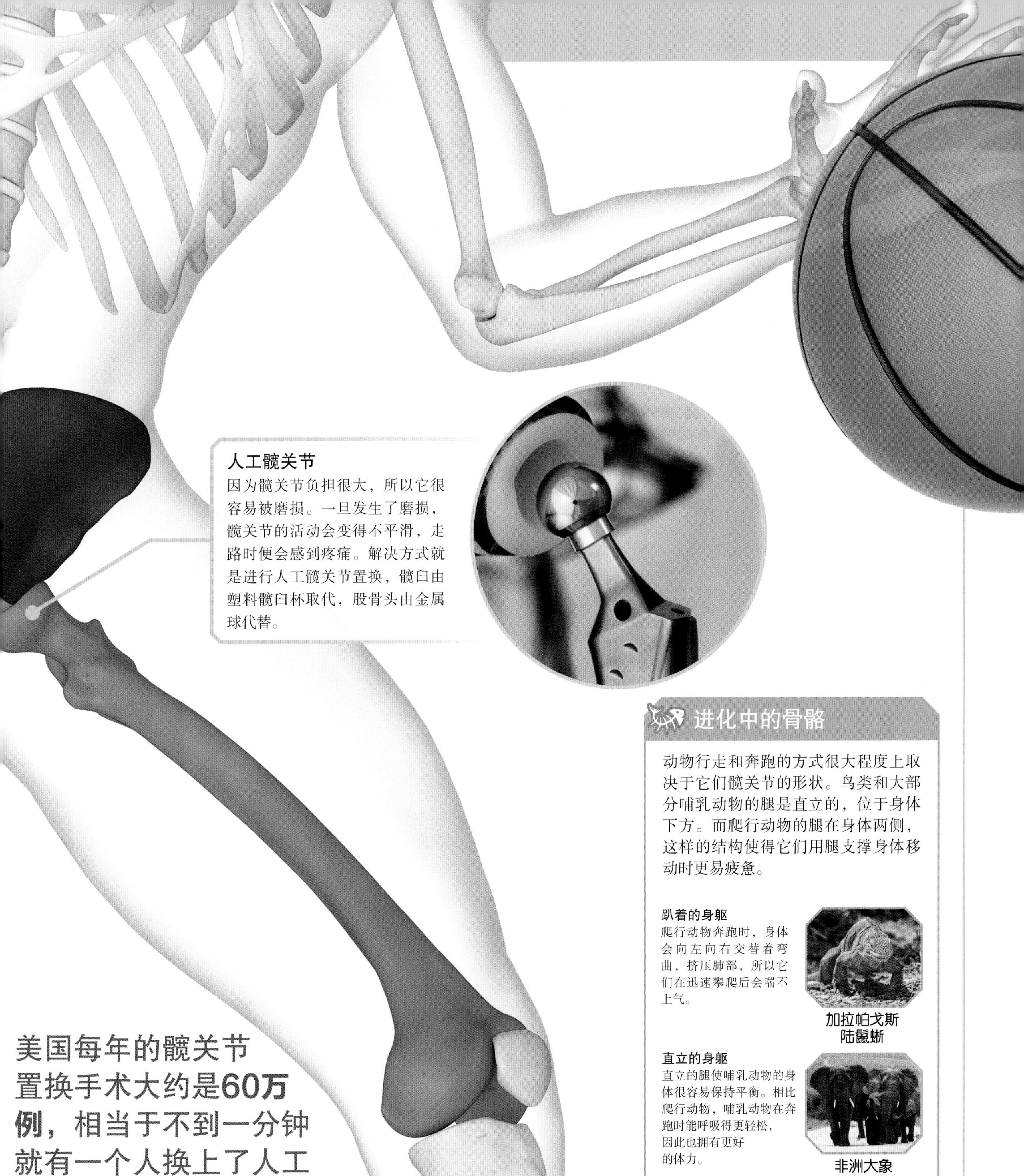

人工髋关节

因为髋关节负担很大，所以它很容易被磨损。一旦发生了磨损，髋关节的活动会变得不平滑，走路时便会感到疼痛。解决方式就是进行人工髋关节置换，髋臼由塑料髋臼杯取代，股骨头由金属球代替。

进化中的骨骼

动物行走和奔跑的方式很大程度上取决于它们髋关节的形状。鸟类和大部分哺乳动物的腿是直立的，位于身体下方。而爬行动物的腿在身体两侧，这样的结构使得它们用腿支撑身体移动时更易疲惫。

趴着的身躯

爬行动物奔跑时，身体会向左向右交替着弯曲，挤压肺部，所以它们在迅速攀爬后会喘不上气。

加拉帕戈斯陆鬣蜥

直立的身躯

直立的腿使哺乳动物的身体很容易保持平衡。相比爬行动物，哺乳动物在奔跑时能呼吸得更轻松，因此也拥有更好的体力。

非洲大象

美国每年的髋关节置换手术大约是**60万例**，相当于不到一分钟就有一个人换上了人工髋关节。

离开森林

对于哺乳动物来说，用双腿直立行走是非常奇怪的。但是类人猿常常用双腿站立在树干上，同时用双手抓握着树枝保持身体平衡。大约500万年前，我们的祖先离开森林，很自然地就用双腿行走。从那时起，为了使行走和奔跑变得更加迅速，骨骼的形状开始变化。

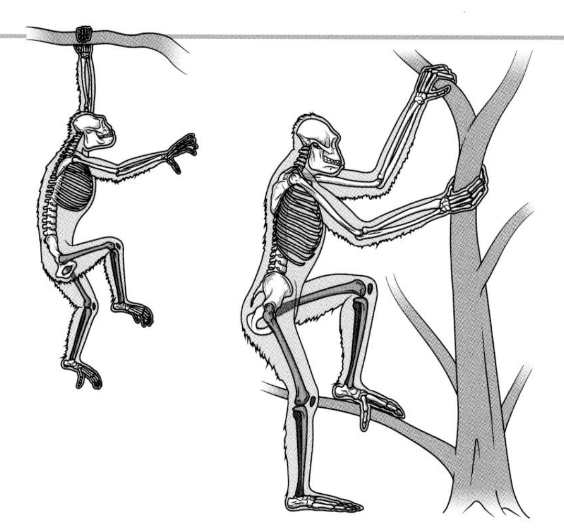

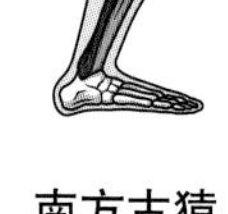

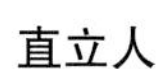

山猿
人类是由山猿这样的猿类进化而来的。山猿生活在大约800万年前，它们可以站立在树干上，甚至可以用双脚行走。

地猿
地猿生活在440万年前，它们和黑猩猩一样拥有长长的手臂和可以抓握的脚趾。它们的足中段比较僵硬，这表明它们能够直立行走。

南方古猿
这种古猿在370万年前留下的脚印证明它们能够直立行走。它们还拥有有力的手臂，可以迅速攀爬上树躲避危险。

直立人
人类的直系祖先直立人出现在190万年前，它们的体形和现代人类差不多，但大脑尺寸只有1岁孩子那么大。

为奔跑而生

新生的小马驹出生后一个小时就可以行走，但是人类的婴儿需要花上一年的时间学习走路。行走对于四足动物来说比较容易，因为它们的身体下部宽大，重心较低。我们的骨架仅由两条腿来支持，所以缺乏稳定性。我们行走时需要数百块肌肉共同协调才能维持身体平衡——不仅腿部的肌肉，臀部、背部、肩部、手臂、颈部的肌肉群也参与其中，向前走一步需要让身体适当地前倾，然后双腿适时地向前摆动，才能避免摔倒。

长长的下肢

我们的下肢含有体内最强壮的骨骼和关节，这些结构可以承受人体行走和奔跑时的重量。我们的下肢骨比黑猩猩和大猩猩的都要长，这使得我们一步可以跨得更大，也就意味着行走和奔跑时的速度更快。

髌骨。

最高速度

尽管我们的下肢很长，但相比很多四足哺乳动物，我们奔跑的速度非常慢，人类的运动员甚至跑不过一只猫。然而，我们具有耐力，能够在大热天跑上很长一段距离，而其他一些动物会因为身体过热而不得不停下。

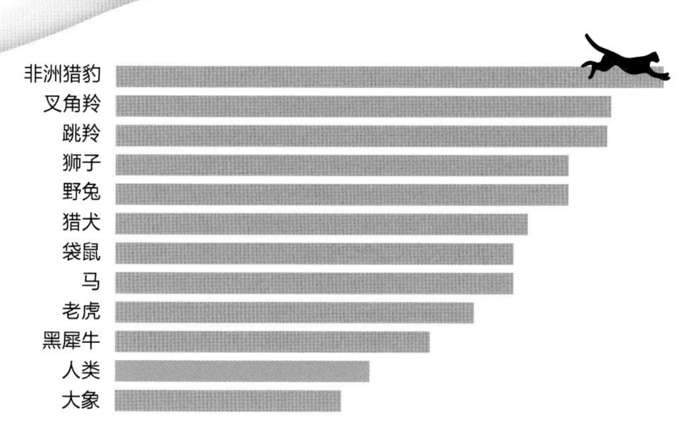

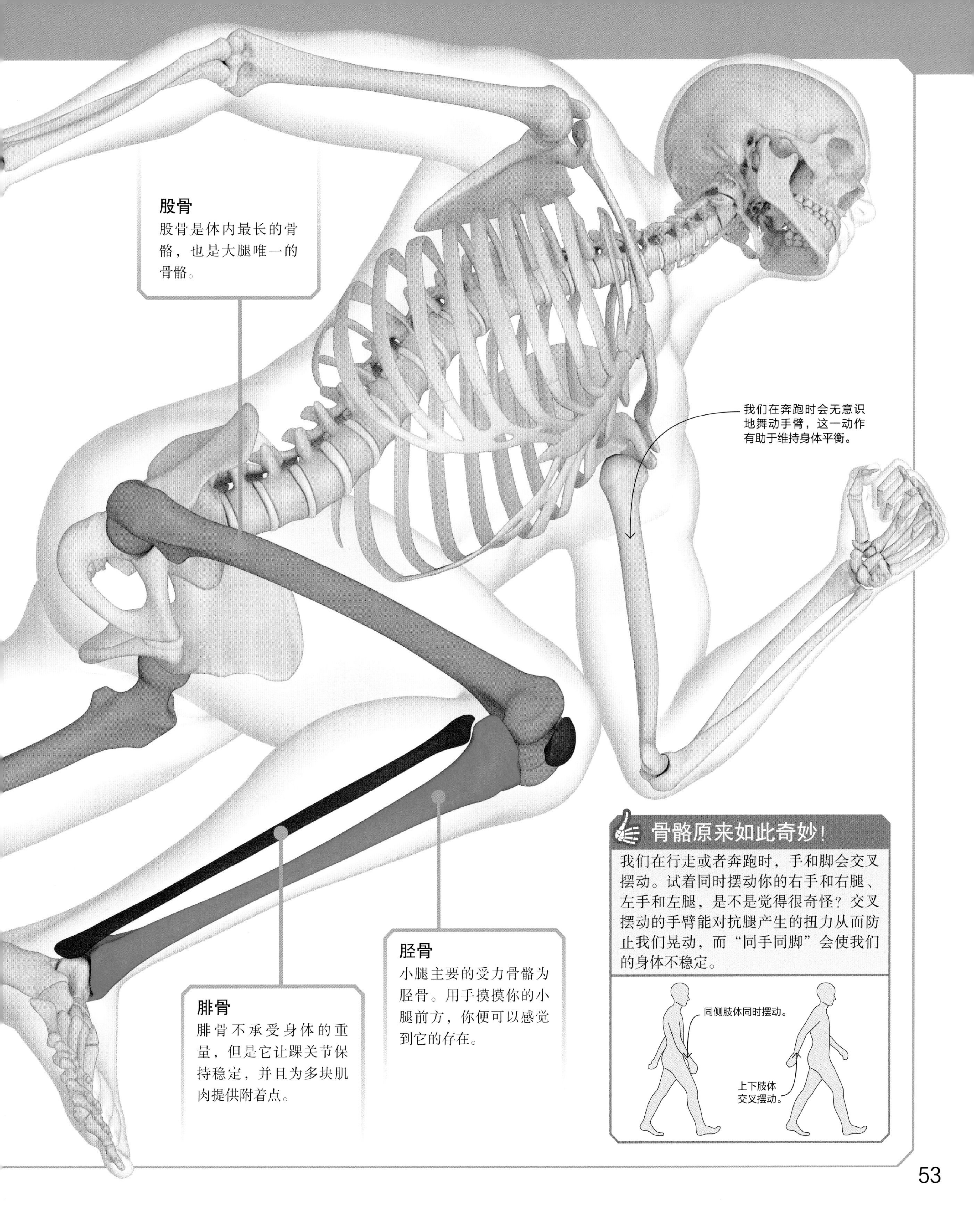
股骨
股骨是体内最长的骨骼，也是大腿唯一的骨骼。
我们在奔跑时会无意识地舞动手臂，这一动作有助于维持身体平衡。
骨骼原来如此奇妙!
我们在行走或者奔跑时，手和脚会交叉摆动。试着同时摆动你的右手和右腿、左手和左腿，是不是觉得很奇怪？交叉摆动的手臂能对抗腿产生的扭力从而防止我们晃动，而“同手同脚”会使我们的身体不稳定。
同侧肢体同时摆动。
上下肢体交叉摆动。
腓骨
腓骨不承受身体的重量，但是它让踝关节保持稳定，并且为多块肌肉提供附着点。
胫骨
小腿主要的受力骨骼为胫骨。用手摸摸你的小腿前方，你便可以感觉到它的存在。

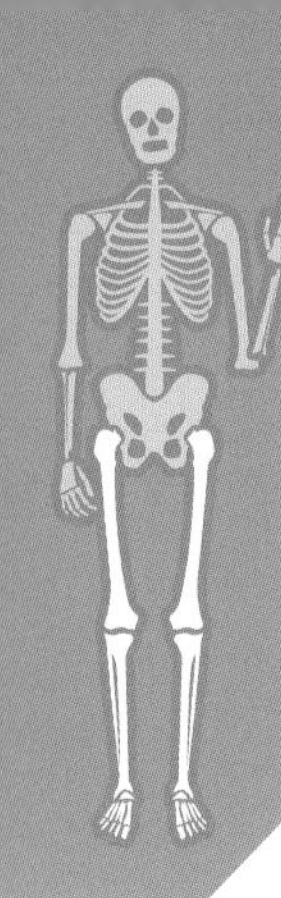

最长最强壮的骨骼

骨骼需要承受的重量并不等于你的体重，当你行走时，下肢骨骼承受的重量是体重的1～2倍，当你奔跑或者跳跃时，下肢骨骼承受的重量相当于体重的10多倍。大腿中唯一的骨骼——你的股骨为支撑这些重量而生。股骨是体内最长、最强壮的骨骼，它可以承受6吨的重量，相当于4辆小汽车的重量。

中流砥柱

股骨惊人的强度主要源自它的结构，它的圆筒状外形使其能承受非常大的负荷。骨干由密质骨组成，中部最厚，以防止弯曲。股骨两端由内部纵横交错的松质骨构成。这种结构使股骨既坚固又轻巧。

骨干是圆筒状的密质骨，中间的空洞可以存储脂肪。

股骨的下端构成膝关节的一部分，膝关节是体内最大的关节。

股骨末端的小间隙内含有骨髓，可以制造血细胞。

如此行走

我们直立行走比猿类更容易的原因之一是我们的股骨向内倾斜，这使得腿和脚就在身体正下方承载着我们的体重。相比之下，猿类股骨在站立时是垂直于地面的。为了保持直立，它们必须依靠肌肉的力量，所以走路时消耗的能量是我们的4倍以上。这种骨骼结构也使它们每走一步身体都会摇摆，显得很笨拙。

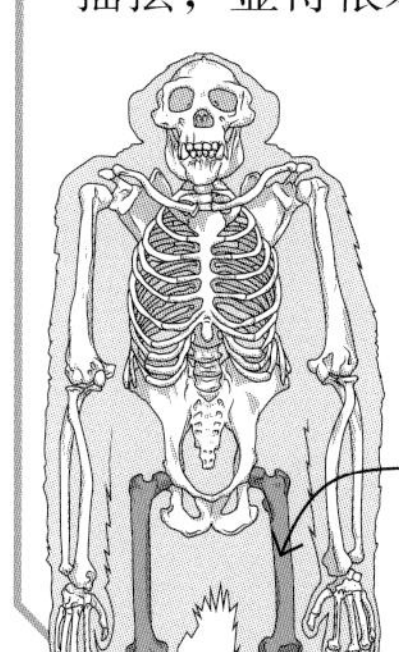

人类的髋关节、膝关节和踝关节在一条直线上。

黑猩猩站立时股骨之间的距离较宽，这使它们难以维持站立。

骨骼原来如此奇妙！

股骨的空心圆筒状结构使其非常坚固。不信你可以做一个试验检验一下。将一张A4大小的纸沿短边对折，然后将纸卷成圆筒状，并用胶带粘起来，用这个圆筒可以撑起一堆书。

内部弓形结构有助于将重量传递给骨干。

骨骼内部结构

因为股骨在两侧参与构建髋关节，所以股骨内外侧受力并不均匀。一侧受到挤压（压力），另一侧被拉伸（张力），导致股骨轻度弯曲。股骨内的成骨细胞对此做出反应，沿着压力侧制造出更多的骨细胞来支撑。法国埃菲尔铁塔的设计就类似于这种结构模式，通过纵横交错的钢梁支撑起建筑物巨大的重量。

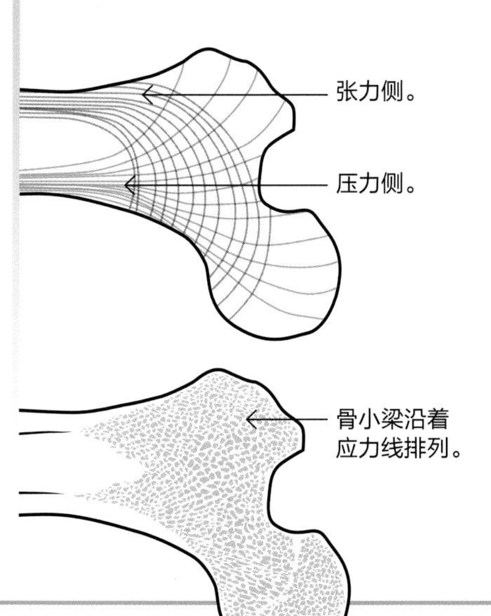

进化中的骨骼

想象一下，通过魔法使一只老鼠变高10倍，那么它就不仅仅是高了10倍——它也将变宽10倍，变长10倍，所以它会比以前重1000倍。随着动物体形变大，它们的重量比高度增长得更快，因此大型动物需要强壮的腿骨来支撑它们的身体。

细弱的骨骼

像老鼠这样的小型动物，因为体重较轻，所以它们的骨骼非常细弱。这细弱的骨骼也有助于它们挤压身体穿过小洞，老鼠头部能通过的地方，它的身体是肯定可以通过的。

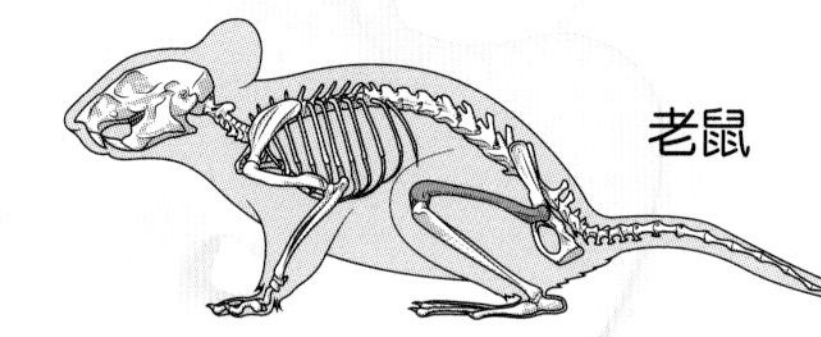

粗壮的股骨

犀牛比大象要小很多，但是因为它们的奔跑速度比大象快2倍，所以它们的骨骼更加强壮。犀牛的股骨短而结实，其强度是大象股骨的3倍，能支撑起109吨的重量，这相当于1500个成人的重量。

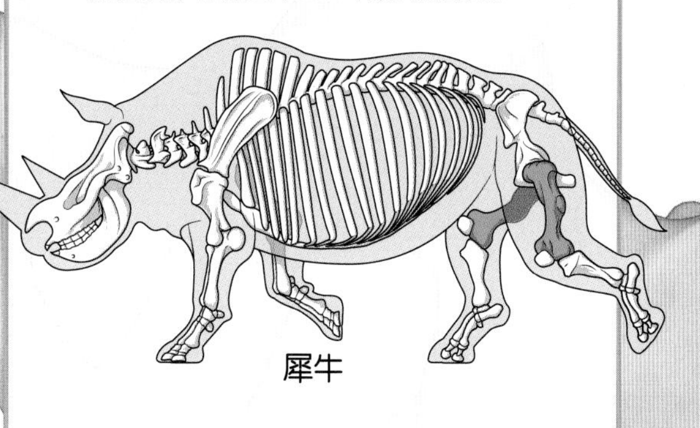

陆地上最大的动物

地球上有史以来体形最大的动物是泰坦巨龙。泰坦巨龙是一种植食性恐龙，重达77吨，长40米——比公共汽车长4倍。它们的股骨的体积比一个成年人的体形还要大！

泰坦巨龙

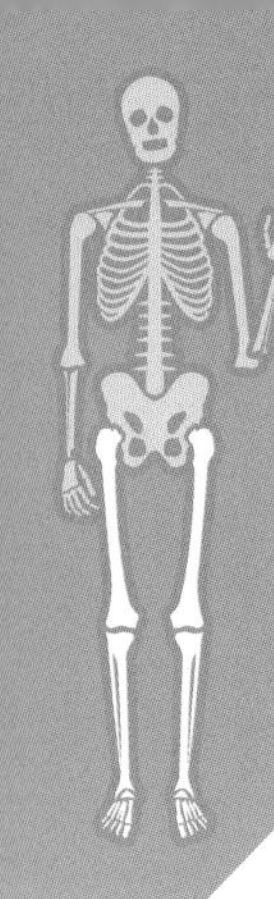

屈膝

试试在不屈膝的情况下行走或跳跃，你就能了解到膝关节的重要性了。膝关节是体内最大的关节，当你移动时，膝关节承载着身体全部的重量。膝关节帮助你奔跑和行走，它还能够固定在垂直位置，让你不费力地站立。为了最有效地利用肌肉力量，膝关节只能朝一个方向活动，尽管膝关节可以轻微旋转，但其更像是滑车关节。一个复杂的韧带系统维持着膝关节的稳定，但这也使膝关节更容易扭伤。

膝关节内部结构

4块骨骼、12块肌肉、10多条韧带在膝关节处会合，使膝关节成为体内最复杂的关节。和髋关节不一样，膝关节没有深深的关节窝来帮助骨骼维持原位。因此，股骨下端和胫骨上端相互滑动时，要通过肌肉、肌腱、韧带来维持稳定。

股骨

股骨下端有沟槽，可以防止髌骨滑脱。

髌骨

股骨和胫骨的末端覆盖着关节软骨，这有助于关节平滑地移动。

胫骨

腓骨。

杠杆作用

膝部前方不平滑的骨骼是髌骨，这块小骨嵌在肌腱内。通过增加股骨和肌腱之间的空间，髌骨给予了关节额外的杠杆作用，使伸腿变得更加容易。

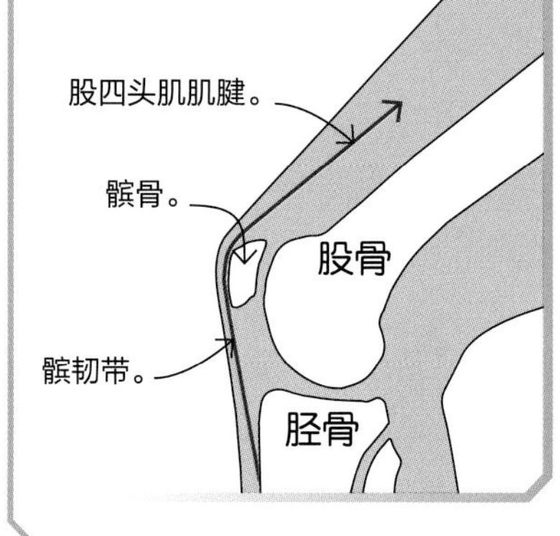

骨骼原来如此奇妙！

请一位朋友坐下，让他的腿在空中自由晃荡。然后，趁他不注意，敲击他髌骨的下方位置。一般来说，他的腿会弹一下，这叫作膝跳反射。膝跳反射不需要意识控制，当你站立时，这个反射使你髌骨下方的韧带绷紧，从而保持身体平衡。

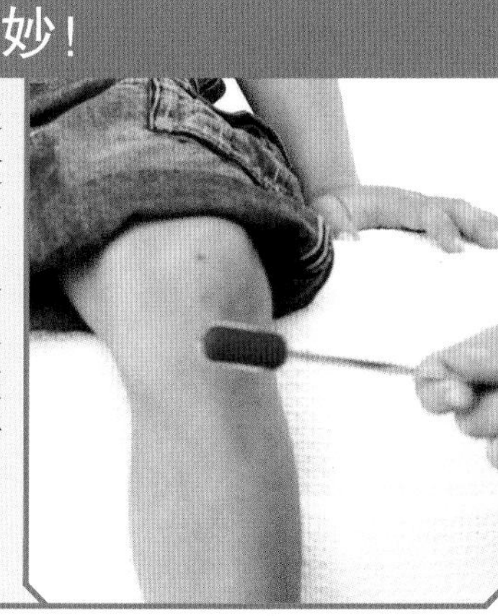

肌力

奔跑和行走主要是由臀部和大腿的大肌群驱动，大腿后部的肌肉牵引膝关节屈曲，而前部的肌肉牵引腿伸直。这些肌肉通过坚韧的肌腱固定在骨骼上，肌腱可以具有一定的柔韧性，并且可以储存能量。除了这些强健的肌肉之外，膝关节还有韧带维持其稳定性。

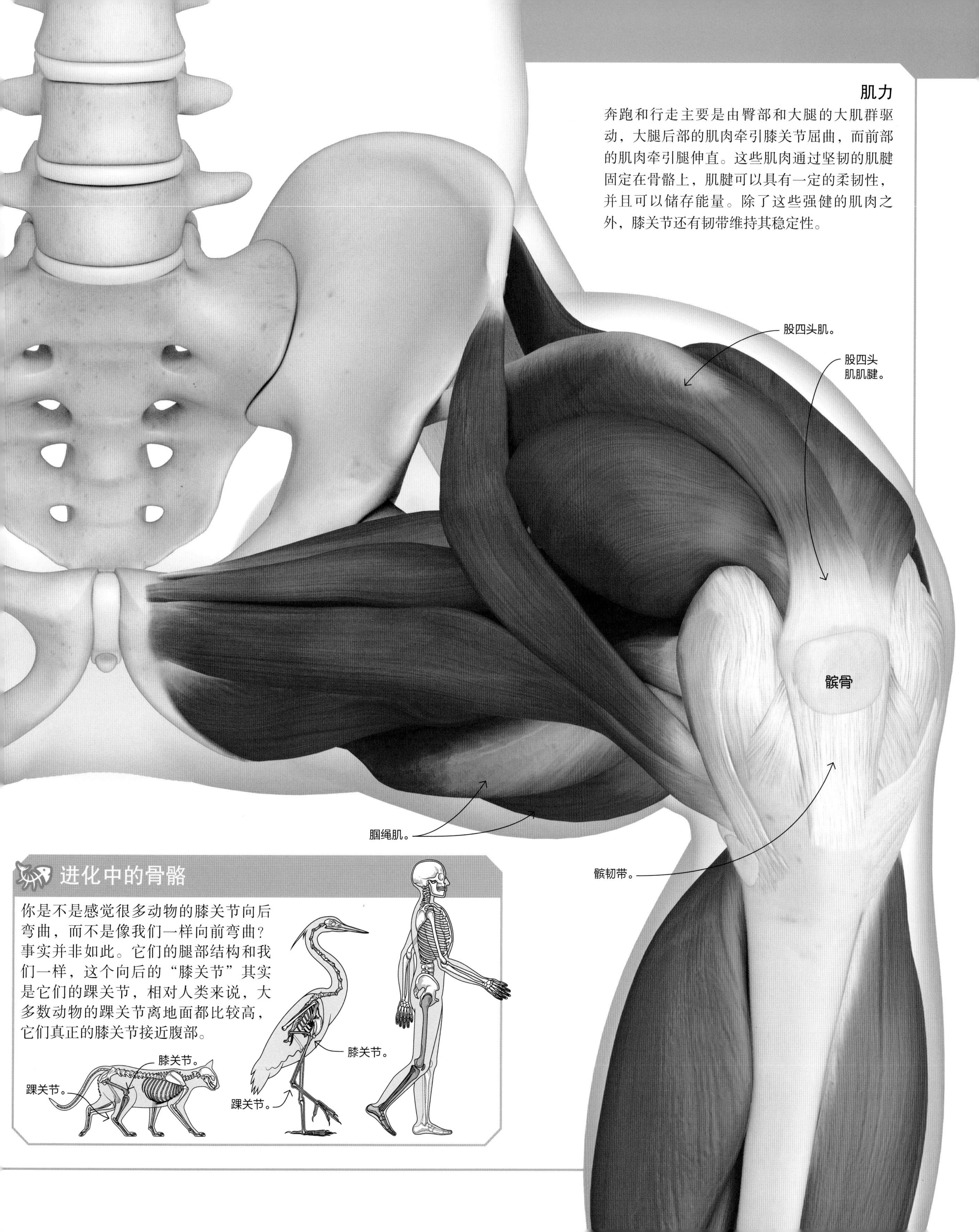

进化中的骨骼

你是不是感觉很多动物的膝关节向后弯曲，而不是像我们一样向前弯曲？事实并非如此。它们的腿部结构和我们一样，这个向后的“膝关节”其实是它们的踝关节，相对人类来说，大多数动物的踝关节离地面都比较高，它们真正的膝关节接近腹部。

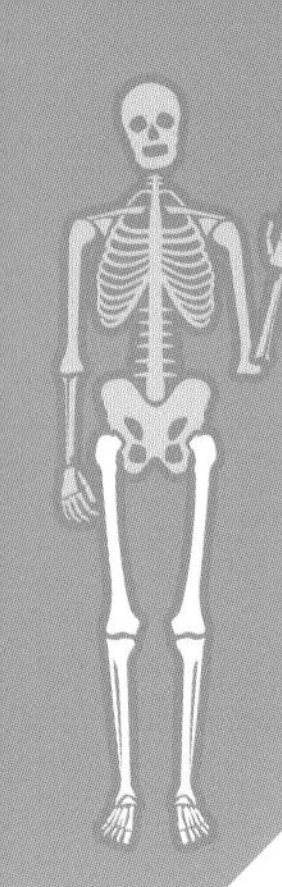

足部

你的脚和手结构相似，但为了承载你的体重，每只脚上的26块骨骼形成了一个稳定的平台。当你每走一步时，你的脚会先使你身体前倾，然后撑起身体。如果你能活到80岁，你的脚大约会走2.2亿步，长达177000千米，几乎可以绕地球3圈。

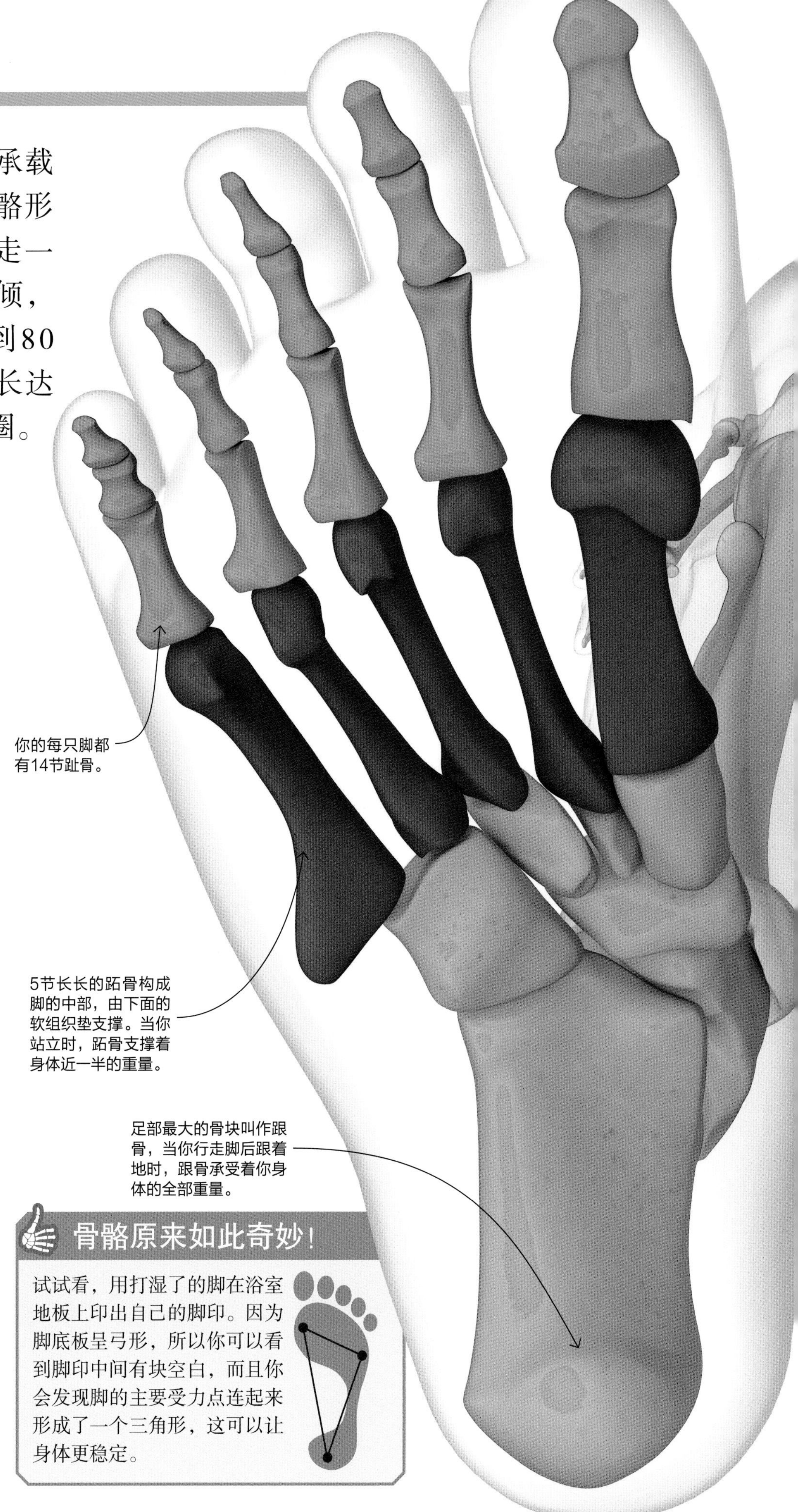

你的每只脚都有14节趾骨。
5节长长的跖骨构成脚的中部，由下面的软组织垫支撑。当你站立时，跖骨支撑着身体近一半的重量。
足部最大的骨块叫作跟骨，当你行走脚后跟着地时，跟骨承受着你身体的全部重量。

进化中的骨骼

人类用双脚行走的方式是非常独特的，但是我们并不是唯一会这样做的脊椎动物。以下介绍了少数几种其他动物是如何只用后肢到处游走的。

跳跃

袋鼠是唯一一种通过跳跃来移动的大型动物。它们的腿上有伸展的肌腱，落地时都会储存能量，在回弹时释放出来。袋鼠的大尾巴可以帮助它们保持平衡。

水上行走

在紧急情况下，蛇怪蜥蜴用两条腿奔跑以获得更快的速度。它宽大的脚跑得如此之快，以至于可以在水面上奔跑。

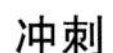

冲刺

用双脚奔跑最快的动物是鸵鸟，能达到每小时75千米的速度。长腿使它们的步幅很大，而且它们腿部弹性肌腱储存的能量是我们的两倍。

横向跳跃

马达加斯加狐猴的长腿很适合在树林中跳跃，但不适合奔跑。它们通过横向跳跃的方式在开阔的地面上移动，在这个过程中会伸展手臂以保持身体平衡。

骨骼原来如此奇妙！

试试看，用打湿了的脚在浴室地板上印出自己的脚印。因为脚底板呈弓形，所以你可以看到脚印中间有块空白，而且你会发现脚的主要受力点连起来形成了一个三角形，这可以让身体更稳定。

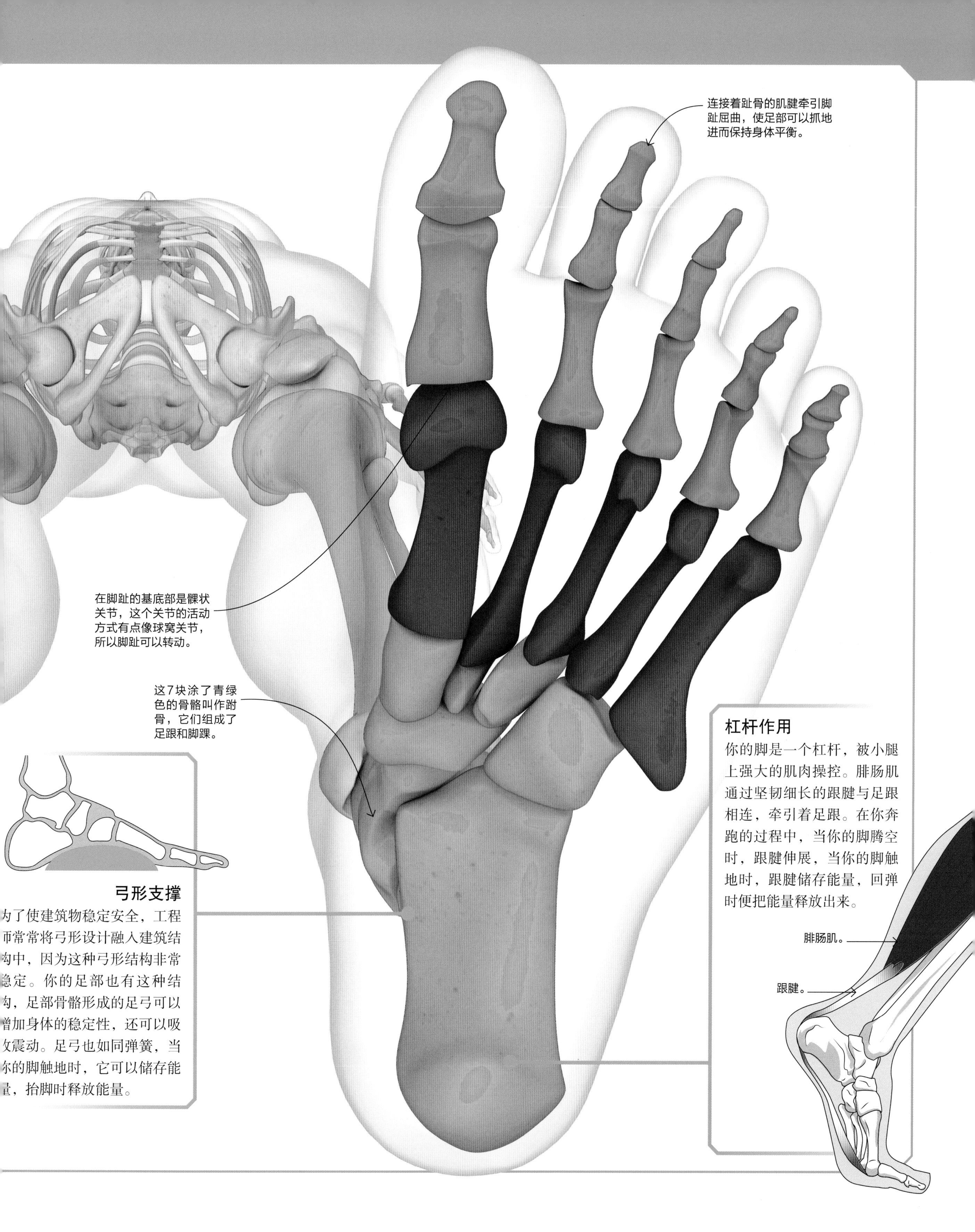

连接着趾骨的肌腱牵引脚趾屈曲，使足部可以抓地进而保持身体平衡。
在脚趾的基底部是髁状关节，这个关节的活动方式有点像球窝关节，所以脚趾可以转动。
这7块涂了青绿色的骨骼叫作跗骨，它们组成了足跟和脚踝。
腓肠肌。
跟腱。

弓形支撑

为了使建筑物稳定安全，工程师常常将弓形设计融入建筑结构中，因为这种弓形结构非常稳定。你的足部也有这种结构，足部骨骼形成的足弓可以增加身体的稳定性，还可以吸收震动。足弓也如同弹簧，当你的脚触地时，它可以储存能量，抬脚时释放能量。

杠杆作用

你的脚是一个杠杆，被小腿上强大的肌肉操控。腓肠肌通过坚韧细长的跟腱与足跟相连，牵引着足跟。在你奔跑的过程中，当你的脚腾空时，跟腱伸展，当你的脚触地时，跟腱储存能量，回弹时便把能量释放出来。

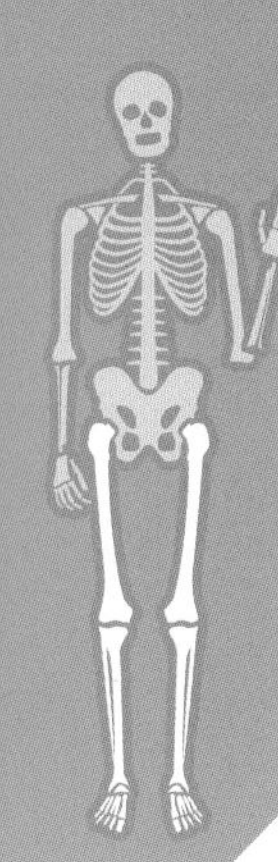

脚趾的运动

脚趾总是默默藏在鞋子和袜子里，似乎是身体中最不重要的部分，但它们不容小觑。你在平时行走过程中抬起脚跟时，在每一步的结尾，你的脚趾都承载着整个体重，并且最后它们会给你的身体一个向前的推动力，让你成功迈出下一步。

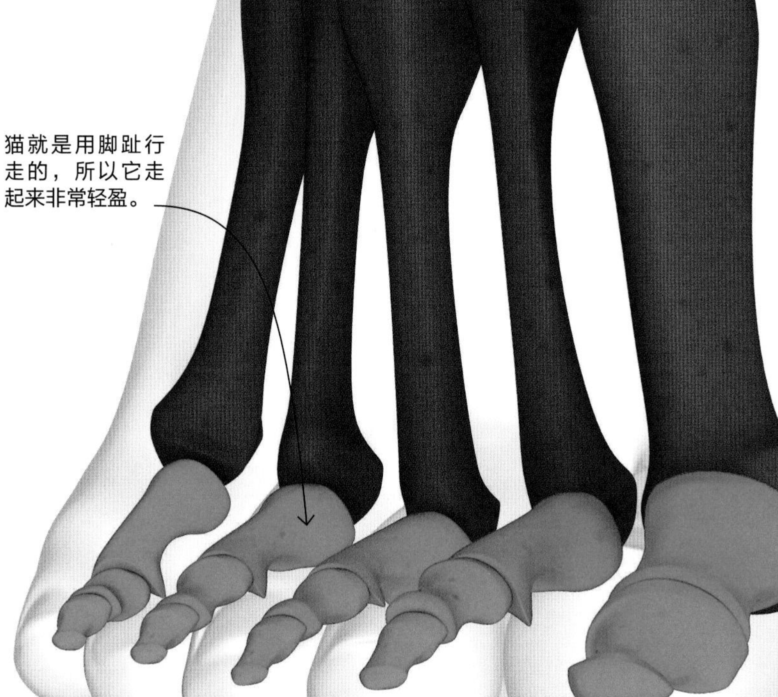

猫就是用脚趾行走的，所以它走起来非常轻盈。

进化中的骨骼

不同的脊椎动物在行走或跑步时，与地面发生接触的骨骼不同，速度最快的是那些只用脚趾触地的脊椎动物。脊椎动物按不同的运动方式可分为跖行动物、趾行动物和蹄行动物。

跖行动物

跖行动物，比如熊和人类用脚趾和跖骨走路。这种行走方式速度很慢，但较大的脚掌能很好地承载体重，使运动过程中身体非常平稳。

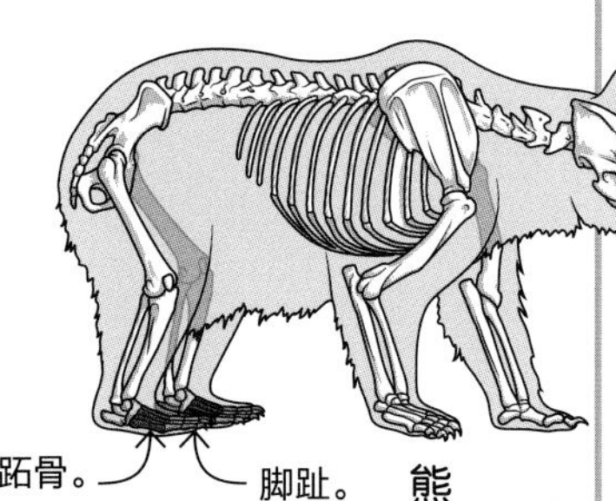

熊

趾行动物

狗、猫和大多数鸟都是踮起脚尖用脚趾行走，这样，它们跨步更大，速度更快。它们这样行走可以做到悄无声息，进而帮助它们捕食。

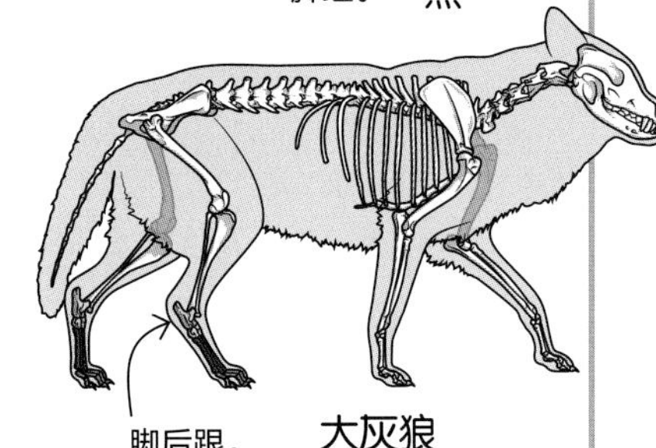

大灰狼

蹄行动物

有些哺乳动物用覆盖有蹄子的脚趾行走，比如我们熟知的马，它们每只脚上只有一个脚趾。这种动物是天生的跑者，奔跑是它们最有效的逃生手段。

马

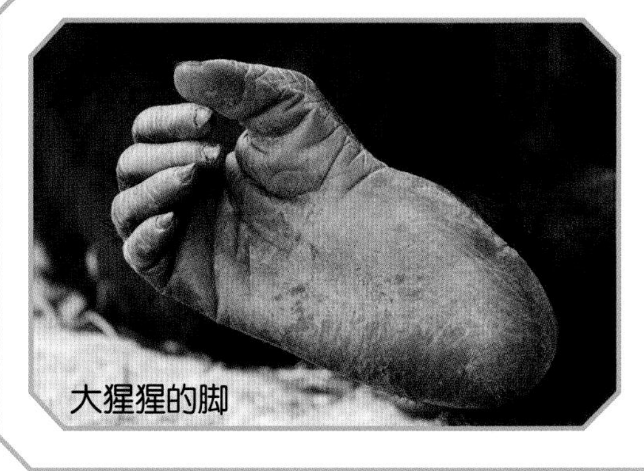
大猩猩的脚

实用的脚趾

大多数猿类的脚趾很长，它们的大脚趾和手上的大拇指一样，可以抓握树枝。我们的祖先曾经拥有这样的脚，但是当他们离开树林后，为了更好地直立行走，他们的脚变得扁平。正因为有这样扁平的脚，我们才可以在行走时具有很强的稳定性。

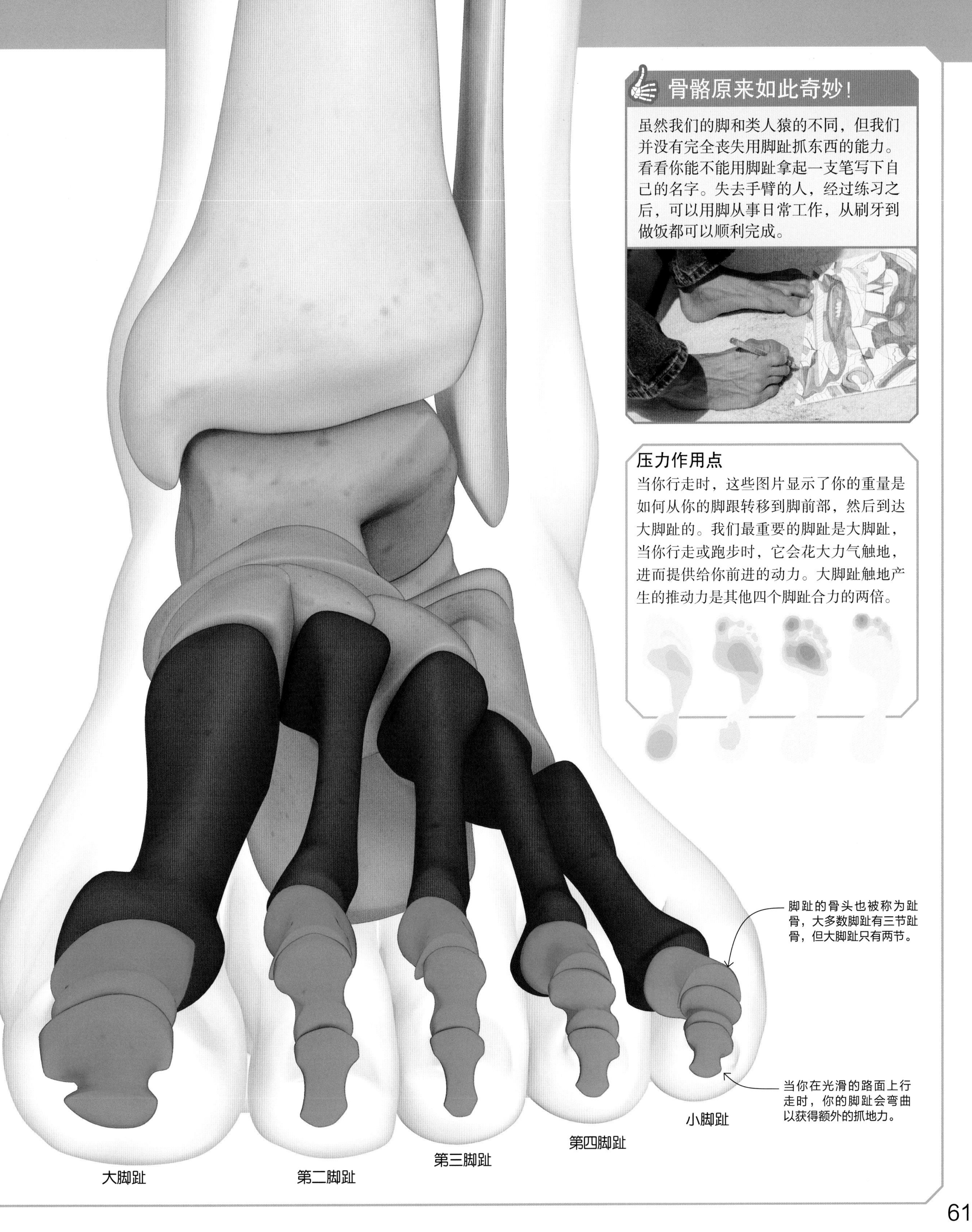

脚趾的骨头也被称为趾骨，大多数脚趾有三节趾骨，但大脚趾只有两节。
当你在光滑的路面上行走时，你的脚趾会弯曲以获得额外的抓地力。
小脚趾
第四脚趾
第三脚趾
第二脚趾
大脚趾

骨骼原来如此奇妙！

虽然我们的脚和类人猿的不同，但我们并没有完全丧失用脚趾抓东西的能力。看看你能不能用脚趾拿起一支笔写下自己的名字。失去手臂的人，经过练习之后，可以用脚从事日常工作，从刷牙到做饭都可以顺利完成。

压力作用点

当你行走时，这些图片显示了你的重量是如何从你的脚跟转移到脚前部，然后到达大脚趾的。我们最重要的脚趾是大脚趾，当你行走或跑步时，它会花大力气触地，进而提供给你前进的动力。大脚趾触地产生的推动力是其他四个脚趾合力的两倍。

仿生手

不久前，用木质或金属材质制作的假体手可以做有限的活动。而现在，最前沿的仿生手工作起来就像真的手一样。放置在佩戴者皮肤上的电极可以提取神经信号，因此仿生手可以受到大脑控制，它们可以抓握、上举，甚至还能拥有部分触觉。

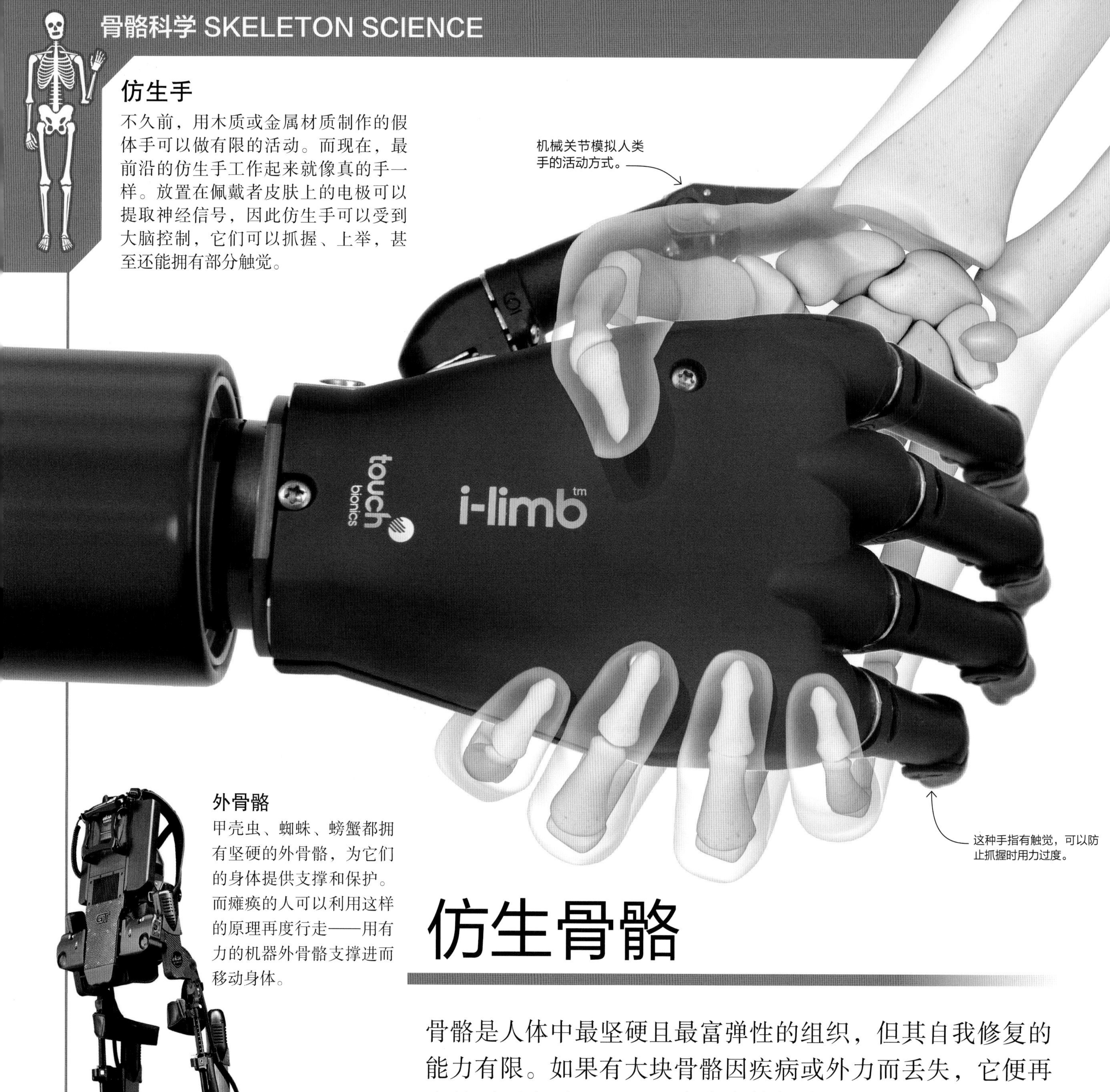

机械关节模拟人类手的活动方式。
touch
bionics
i-limb
tm
这种手指有触觉，可以防止抓握时用力过度。

外骨骼

甲壳虫、蜘蛛、螃蟹都拥有坚硬的外骨骼，为它们的身体提供支撑和保护。而瘫痪的人可以利用这样的原理再度行走——用有力的机器外骨骼支撑进而移动身体。

佩戴者像穿外套一样穿着仿生学外骨骼。

仿生骨骼

骨骼是人体中最坚硬且最富弹性的组织，但其自我修复的能力有限。如果有大块骨骼因疾病或外力而丢失，它便再也长不回来了。不过，许多身体部位可以用模仿身体工作方式的人造装置取代。从像弹簧一样的碳纤维腿到可以通过佩戴者神经系统控制的仿生手，这些人造装置可以让失去肢体的人更好地生活。

人工骨

医生现在不仅可以使用人工材料来弥补骨缺损，还可以将人工材料作为新骨组织的支架材料。磷酸钙陶瓷含有微小的孔隙，可以从骨髓中收集骨细胞。随着时间的推移，这些细胞会产生新的骨组织，与陶瓷植入物融合在一起。

这种陶瓷植入物用来置换受损骨头的末端。

仿生手的形状和颜色都能与佩戴者相匹配，简直和真的手一模一样。

假肢表层

一些假肢非常逼真，它们由橡胶树脂制成，通过绘色来匹配佩戴者的肤色，还能画上雀斑，植入毛发，刺上文身。不过，仿生手和机械装置不一样，它只能够提供有限的功能，例如推、拉、敲击。

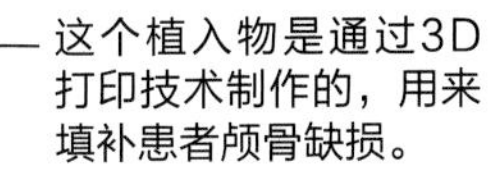

这个植入物是通过3D打印技术制作的，用来填补患者颅骨缺损。

3D打印

用无机材料如钛或陶瓷制成的植入物可以修复缺损的骨骼。当植入物与缺损部位精确匹配时，结合的效果最好。为了确保精确匹配，医生可以使用扫描机来扫描缺损骨骼的形状，然后通过3D打印机制作出匹配的植入物。

矫健奔跑

残疾运动员佩戴的假肢就像刀片一样，由增强塑料或碳纤维制成。这种假肢压向地面，然后弹回原状的过程可以使得跑步速度更快、效率更高。使用这些假肢奔跑的运动员速度非常快，足以与身体健壮的运动员一决高下。

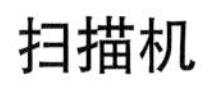

扫描机

医生使用扫描机来查看病人身体内骨骼的三维结构，CT（计算机断层扫描）扫描仪使用X射线从不同角度拍摄大量照片，然后在计算机上将它们组合在一起构建三维图像。MRI（磁共振成像）扫描仪的工作方式类似，却是通过强大的磁场使软组织中的氢原子发射无线电波，然后用来构建图像。

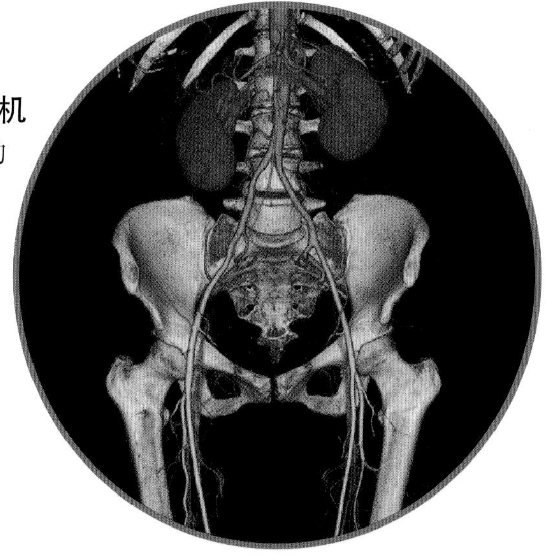

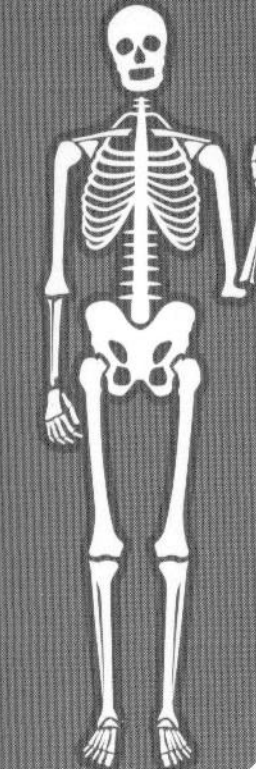

骨骼研究

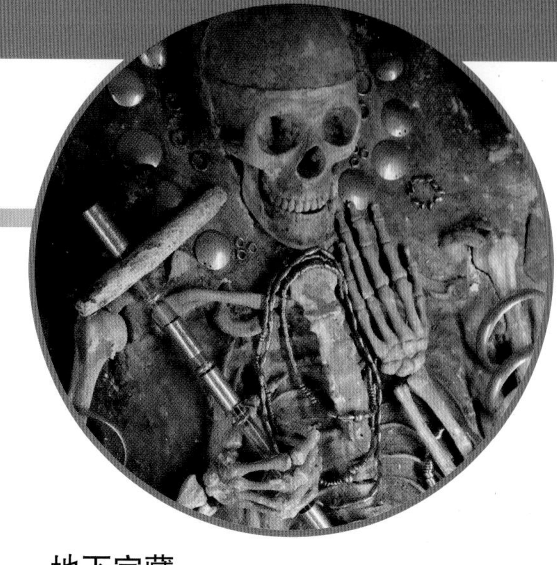

人死后，身体的软组织很快就会腐烂并消失。然而，骨骼和牙齿比较坚硬，可以保存几百年甚至数千年。骨骼探索打开了历史的神秘之门，研究这些骨骼的科学家被称为法医考古学家。法医考古学家的工作就好像是在犯罪现场寻找线索，从而判断出这是谁的骨骼，他是如何生活、如何死亡的，甚至可以判断出他生前吃过什么食物。

地下宝藏

人们对同骨骼埋葬在一起的物品也很感兴趣。在4500年前，上图中这具骨架与990件金器一起被葬在保加利亚，这些珍贵的陪葬物品表明墓主人在生前要么腰缠万贯要么位高权重。

锁骨是最后完成生长的骨骼，这有助于揭示墓主人的年龄。
通过牙齿的数量和磨损程度，可以判断出墓主人的年龄以及他吃过什么食物。
这具埃及木乃伊的眼眶内放置有人造的彩色玻璃眼球。
通过盆骨的形状可分辨性别。
一些骨骼可以看出墓主人生前患有什么疾病或者受过什么伤，比如根据这具木乃伊下颌的空洞就可以判断出她有严重的蛀牙。
手臂的骨骼能够看出墓主人生前的运动量，非常坚固的骨骼表示此人一生从事苦力，一般奴隶的手臂骨骼就很坚固。
受损的骨骼可以看出墓主人受到过哪些创伤，若一个大的创伤没有愈合的痕迹，那可能就是它导致了墓主人的死亡。

木乃伊

古埃及人死后有可能被制成木乃伊。人们取出尸体中柔软的器官，并用盐将尸体弄干，然后用亚麻布包起来，最后将其与贵重物品一起葬进墓穴里。这具木乃伊是一个牧师的女儿，名叫塔穆特，年仅30岁，她是在大约1100年前去世的。

重建过往

法医考古学家可以用黏土来模拟面部肌肉，在颅骨上重建死者的脸。通过这个方法，我们可以看到自己的祖先长什么样子。这些图片展示了重建能人面部的过程，能人是史前的一个物种，很可能是现代人类的祖先。

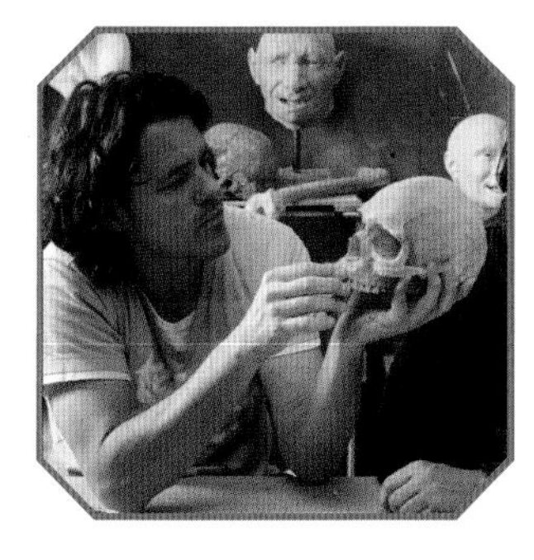

研究颅骨
研究颅骨，在骨头上寻找粗糙的斑点。这些斑点提示了肌肉附着的位置，我们可以由此推断出肌肉的厚度。

添加钉子
添加钉子来显示覆盖在骨骼上的软组织的厚度。覆盖在额头上的肌肉和皮肤很薄，而覆盖在脸颊上的很厚。

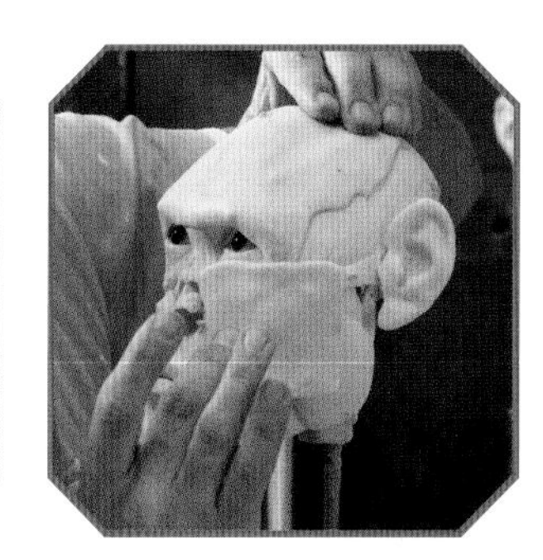

添加软组织
用层层的黏土模型来重建软组织，颅骨上鼻孔的形状可以帮助我们弄清楚鼻子的大小和外形。

最终修饰
用逼真的颜色描绘面部，添加相应的玻璃眼珠，并小心翼翼地将头发植入头皮。

迷人的化石

被埋葬的骨骼并不能永久保存，但骨骼化石可以保存数百万年之久。在水和压力的作用下岩石矿物就会取代骨骼中的有机物从而形成骨骼化石。右图是200万年前的能人颅骨化石，考古学家非常细致地将化石碎片拼凑在了一起。

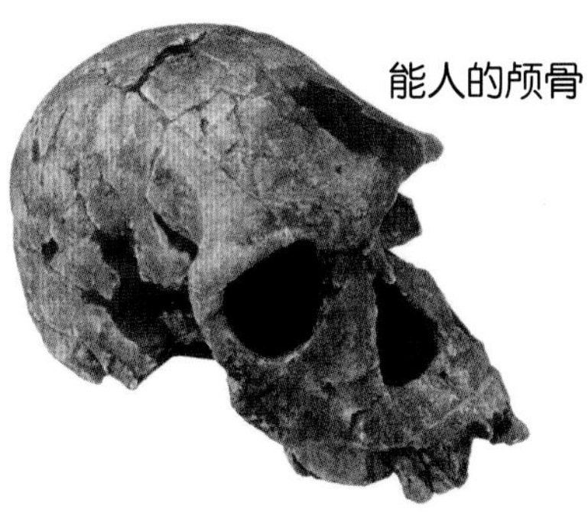

能人的颅骨

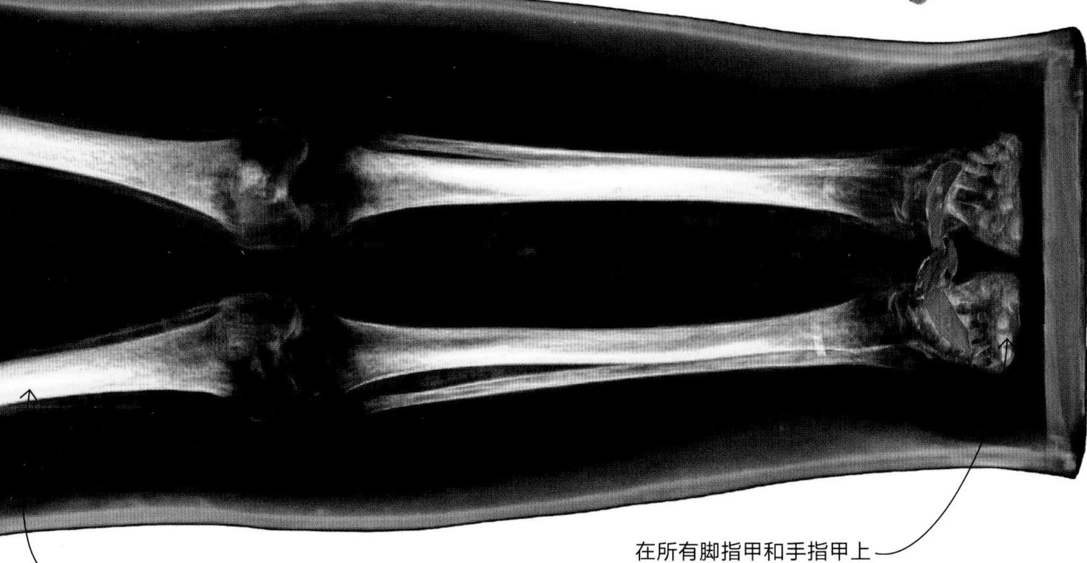

知道股骨的长度，再通过一个简单的数学公式就可以计算出人的身高。

在所有脚指甲和手指甲上都放置有金属片。

化学线索

一些骨骼只有拿进实验室进行研究，我们才能发现其中的秘密。在这里，科学家会切开骨骼，分析骨骼的化学成分。

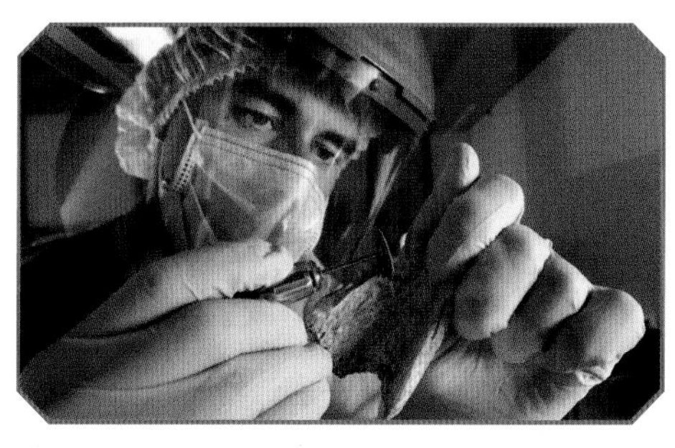

碳-14测年
碳-14是一种天然的碳元素，科学家可以通过测量碳-14的含量来计算骨骼的确切年龄。这种方法之所以奏效，是因为一个人死后，体内碳-14的半衰期为5700年。

基因检测
一个人的基因作为独特的遗传密码储存在DNA分子中，科学家可以从骨骼中提取DNA，并利用这个遗传密码来确定这个人的亲属关系。

生前饮食
通过测量骨骼中的氮元素含量，科学家可以判断出这个人是吃了很多肉类和豆制品（生活富裕的象征）还是只从面包和谷物中获取蛋白质。

骨骼名称

人体中每一部位的骨骼都有一个专有名称，这里给出了它们的专有名称和其对应的英文名。

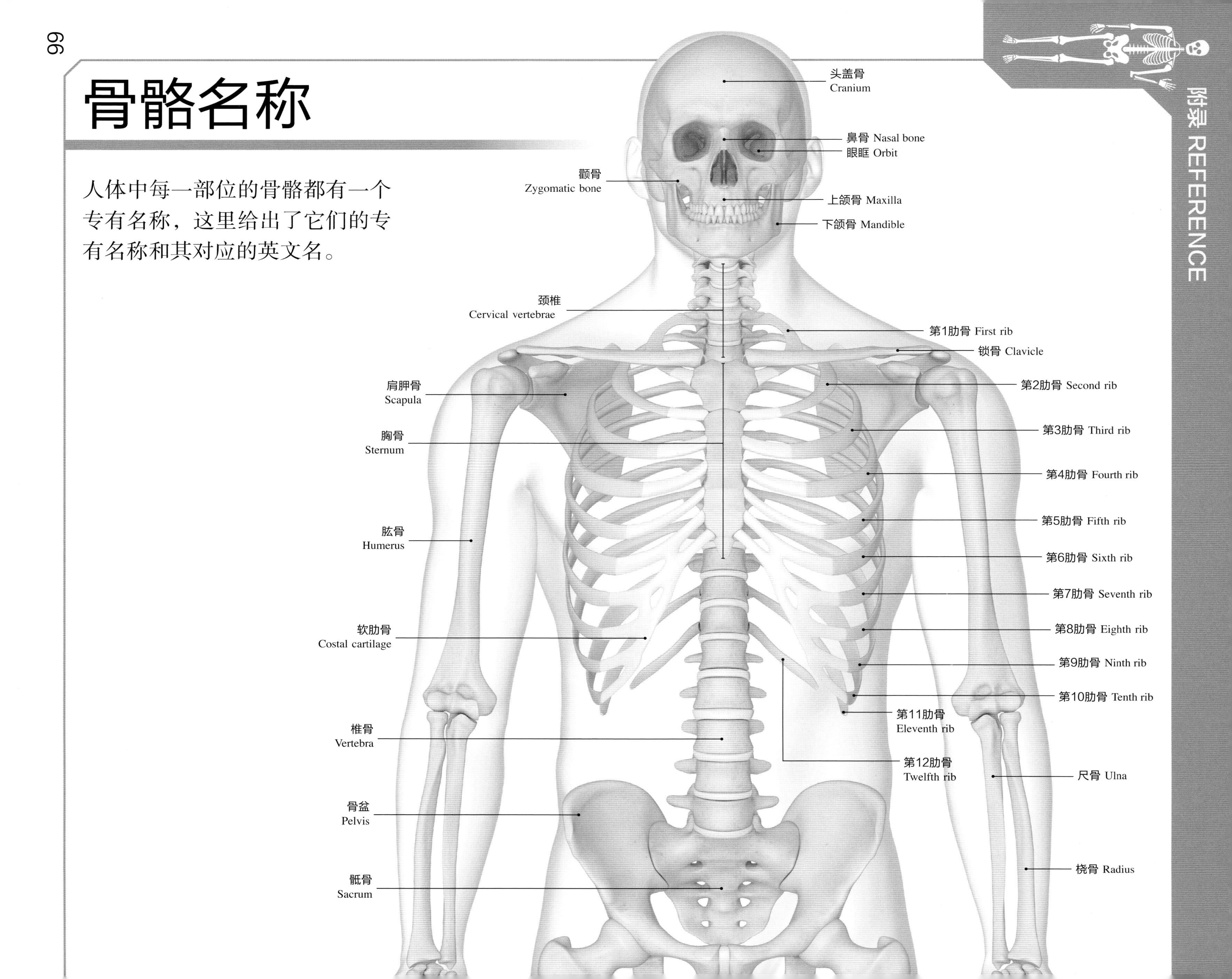

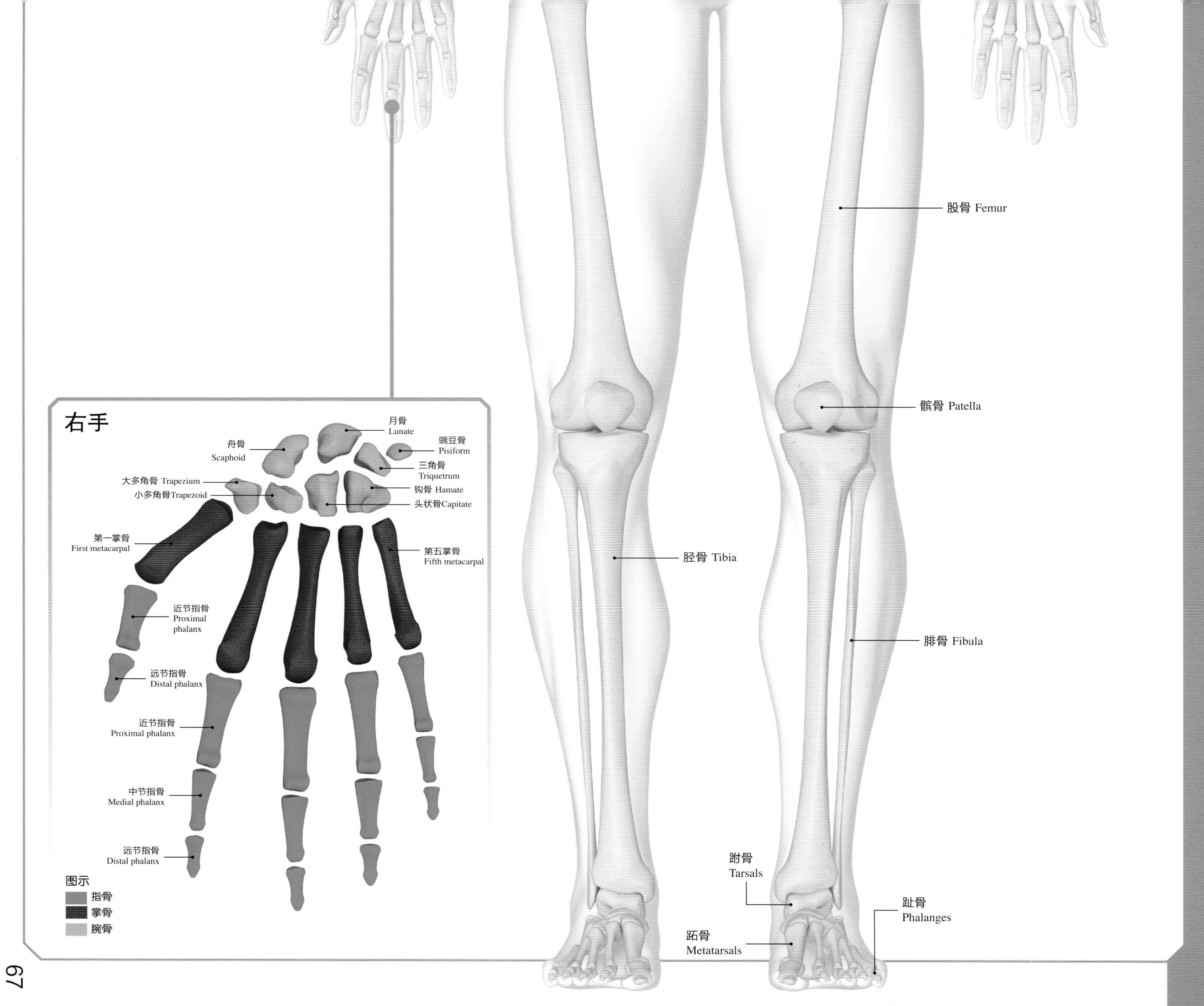
股骨 Femur
髌骨 Patella
胫骨 Tibia
腓骨 Fibula
跗骨
Tarsals
趾骨
Phalanges
跖骨
Metatarsals
右手
月骨
Lunate
舟骨
Scaphoid
豌豆骨
Pisiform
三角骨
Triquetrum
大多角骨 Trapezium
小多角骨Trapezoid
钩骨 Hamate
头状骨Capitate
第一掌骨
First metacarpal
第五掌骨
Fifth metacarpal
近节指骨
Proximal
phalanx
远节指骨
Distal phalanx
近节指骨
Proximal phalanx
中节指骨
Medial phalanx
远节指骨
Distal phalanx
图示
指骨
掌骨
腕骨

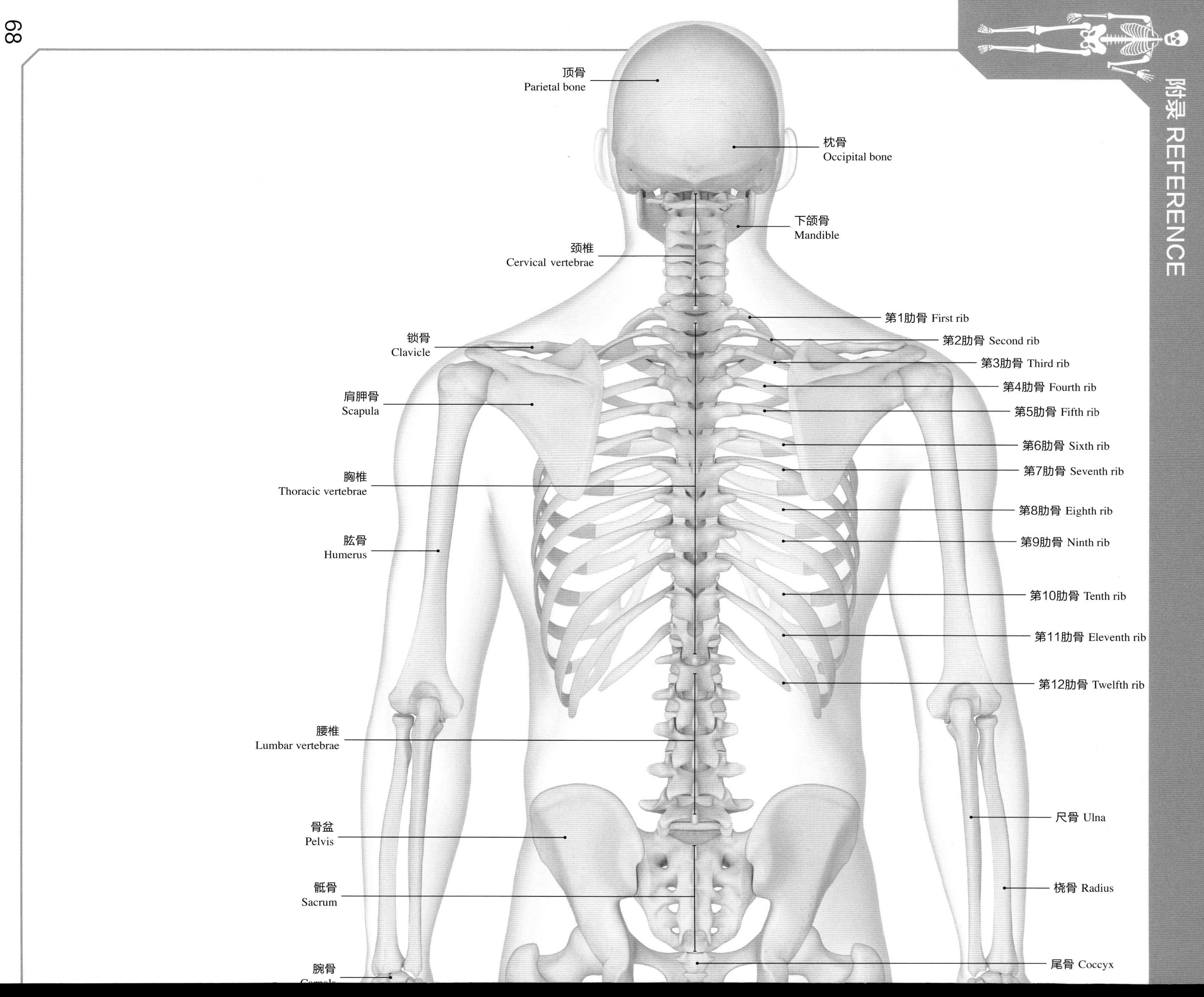

顶骨
Parietal bone
枕骨
Occipital bone
下颌骨
Mandible
颈椎
Cervical vertebrae
第1肋骨 First rib
锁骨
Clavicle
第2肋骨 Second rib
第3肋骨 Third rib
肩胛骨
Scapula
第4肋骨 Fourth rib
第5肋骨 Fifth rib
第6肋骨 Sixth rib
第7肋骨 Seventh rib
胸椎
Thoracic vertebrae
第8肋骨 Eighth rib
第9肋骨 Ninth rib
肱骨
Humerus
第10肋骨 Tenth rib
第11肋骨 Eleventh rib
第12肋骨 Twelfth rib
腰椎
Lumbar vertebrae
尺骨 Ulna
骨盆
Pelvis
骶骨
Sacrum
桡骨 Radius
腕骨
尾骨 Coccyx

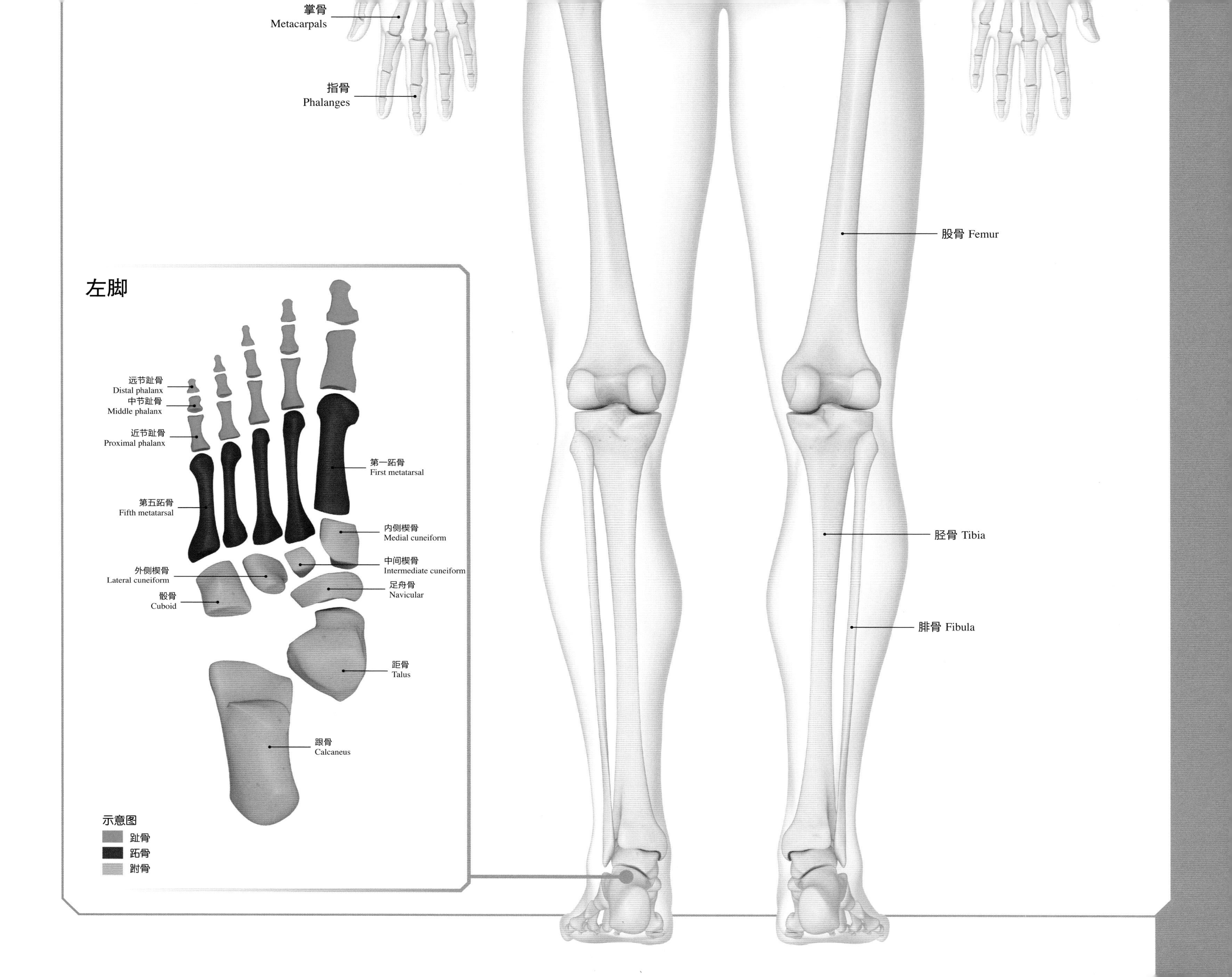
掌骨
Metacarpals
指骨
Phalanges
股骨 Femur
胫骨 Tibia
腓骨 Fibula
左脚
远节趾骨
Distal phalanx
中节趾骨
Middle phalanx
近节趾骨
Proximal phalanx
第一跖骨
First metatarsal
第五跖骨
Fifth metatarsal
内侧楔骨
Medial cuneiform
中间楔骨
Intermediate cuneiform
外侧楔骨
Lateral cuneiform
足舟骨
Navicular
骰骨
Cuboid
距骨
Talus
跟骨
Calcaneus
示意图
趾骨
跖骨
跗骨

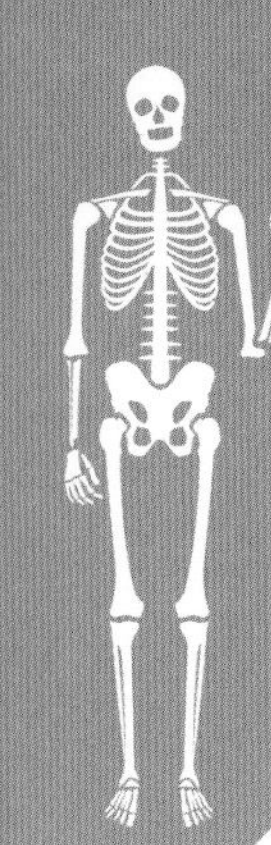

术语表

鼻窦 sinus

颅骨上含气的空腔，鼻窦的开口在鼻腔内。

成骨细胞 osteoblast

一种产生新骨组织的细胞，成骨细胞分泌钙矿物质使骨骼变硬。

粗隆 process

骨骼突出的部分，为韧带或肌腱提供附着点。

蛋白质 protein

许多人体组织含有蛋白质，例如肌肉、皮肤和骨骼。

耳蜗 cochlea

位于内耳的一个微小的螺旋腔，使我们产生听觉。耳蜗探测到它内部液体的震动，并通过向大脑发送神经信号使其做出反应。

跗骨 tarsal

构成脚踝的骨块之一。

腹部 abdomen

躯干的下半部分，位于胸部下面。

杠杆 lever

一种简单的机械装置，围绕着一个固定的点旋转（摆动）。体内骨骼的运动方式和杠杆类似。

膈肌 diaphragm

肺下面的一块肌肉，在呼吸过程中收缩使肺吸入空气。

骨缝 suture

两个骨块之间的不动关节。例如，构成颅骨的骨块之间的关节就是骨缝。

骨骼肌 skeletal muscle

附着在骨骼上的肌肉类型，骨骼肌是随意肌，但其他类型的肌肉，如心脏和胃的肌肉是不随意肌。

骨痂 callus

当骨折愈合的时候，骨折处周围形成的圆形结构。软骨痂由软骨构成，而硬骨痂由新生骨组成。

骨架 skeleton

支撑和移动身体的骨骼框架。

骨盆 pelvis

骨盆是连接股骨的大骨架，由髋骨和脊柱底部组成。

骨髓 bone marrow

一种填充在骨髓腔内的柔软组织，能够制造血细胞或者储存脂肪。

骨折 fracture

骨折是指骨结构完全或部分断裂，从细微的裂缝到骨头断裂成分离的碎片，骨折的损伤程度不等。

关节 joint

两块或多块骨骼相连接的部位。大多数关节将骨骼固定在一起，也让骨骼之间可以发生相对运动。

滑膜关节 synovial joint

一种可活动的关节，如膝关节、肘关节或肩关节。在滑膜关节中，骨头末端覆盖着光滑的软骨，并有起润滑作用的关节液。

肌腱 tendon

坚韧，类似绳子，将肌肉的末端连接到骨骼上。肌腱也称为筋。

肌肉 muscle

由神经信号触发后能迅速收缩的一种人体组织。附着在骨骼上的肌肉使人体能够活动。

激素 hormone

一种在血液中循环并改变部分机体工作方式的化学物质。例如，生长激素使骨骼长长。

脊髓 spinal cord

走行在脊柱中央的大型神经组织，连接大脑和身体其他部分。

胶原蛋白 collagen

一种坚韧的纤维蛋白质，存在于身体的许多部位，特别是骨骼、软骨和皮肤中。

拮抗肌 antagonistic muscles

往相反方向牵拉的肌肉，其中一块肌肉朝一个方向牵拉骨头，而与之拮抗的肌肉则将骨头拉回原位。

髁 condyle

骨骼上的圆形隆起，构成关节的一部分。

磨牙 molar tooth

一种用于研磨和碾碎食物的牙齿。

颞骨 temporal

位于太阳穴的附近。颞骨一共有两块，头的两侧各有一块，构成头盖骨的一部分。

胚胎 embryo

受精卵在发育最开始的8周内被称为胚胎，8周后被称为胎儿。

破骨细胞 osteoclast

一种破坏和移除骨组织的细胞，破骨细胞有助于骨骼重塑，去除不需要的骨块。

器官 organ

执行特殊工作的大型身体结构，心脏、胃和大脑都是器官。

切牙 incisor tooth

位于口腔前面用于切割和咬住食物的牙齿。与成人相同，儿童也有8颗切牙。

青春期 puberty

性器官开始发育的时期，通常在青少年时期。这个时期伴随着生长激素急速增加和各种生理变化，如女孩的乳房发育，男孩的声音变得低沉。

屈曲 flexion

一种屈曲关节的运动。屈肌专指能做屈曲运动的肌肉。例如，尺侧腕屈肌能屈曲腕关节。

犬齿 canine tooth

用来咬住和刺穿食物的牙齿，也叫作尖牙。人类有四颗小犬齿，但肉食性动物，如猫和狗，它们有长而尖的犬齿。

韧带 ligament

用于连接两块骨骼的坚韧纤维带。许多韧带富有弹性，但它们不能伸展。

软骨 cartilage

一种坚韧有弹性的组织，如构成耳朵和鼻子的支撑结构；儿童时期的大部分骨骼也是由软骨构成；关节面上也覆盖着一层平滑的软骨。

伸展 extension

一种伸直关节的运动。伸肌专指能做伸展运动的肌肉。例如，伸指肌能伸直手指。

神经 nerve

身体的一部分，形状像电缆，并能沿着神经细胞传递电信号。

神经信号 nerve signal

一种沿神经细胞传播的电信号。

受精 fertilization

女性的卵细胞和男性的精子结合的过程，受精卵将会发育成婴儿。

胎儿 fetus

未出生的宝宝，大约在受孕后8周到出生前被称为胎儿。

听小骨 ossicles

中耳内的3块小骨，把声音振动传递至内耳耳蜗。

头盖骨 cranium

颅骨的一部分，容纳着大脑，头盖骨也被称为脑壳。

物种 species

彼此相似并未产生生殖隔离的一类生物体，例如，狮子是一个物种，但鸟类不是，因为差异很大，不同种的鸟之间不能繁育后代。

X射线 X-ray

一种肉眼看不见的电磁波，可以穿过软组织，但不能穿透骨骼或牙齿。临床医生和牙医利用X射线拍片检查身体内部。

细胞 cell

一种在中央细胞核内含有基因的微观活体结构，细胞核被果冻状的细胞质包围，许多化学反应发生在细胞质中，细胞构成身体的所有组织。

胸腔 thorax

胸椎和肋骨围成的空腔，心、肺等器官都在胸腔内。

胸椎 thoracic

胸椎是位于胸部的椎骨。

血管 blood vessel

血液流经的管道。

血液 blood

一种液体，在人体内主要起运输作用。它携带氧气、营养、矿物质、激素、维生素和各种细胞，同时也收集身体产生的废物排出体外。血液的红色来自血细胞内携带氧气的血红蛋白。

眼眶 orbit

颅骨上碗形的空洞，容纳着眼球。眼眶也被称为眼窝。

腰椎 lumbar

连接身体低位肋骨和髋骨顶部，腰椎位于下背部。

枕骨 occipital

位于头部后方，是颅骨的一部分。

椎骨 vertebra

椎骨是组成脊柱的骨块。

组织 tissue

一类相似的细胞，一起共同执行一项主要的工作，肌肉、脂肪、神经、骨骼都是组织。

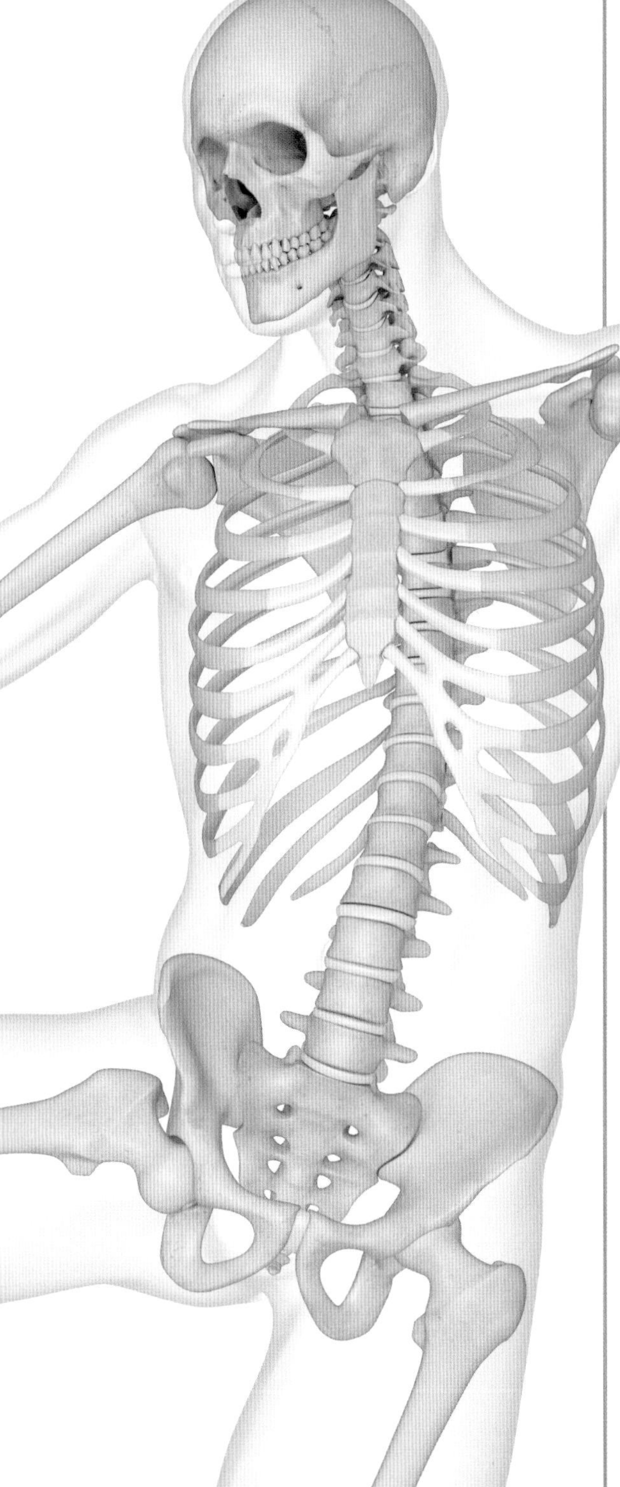

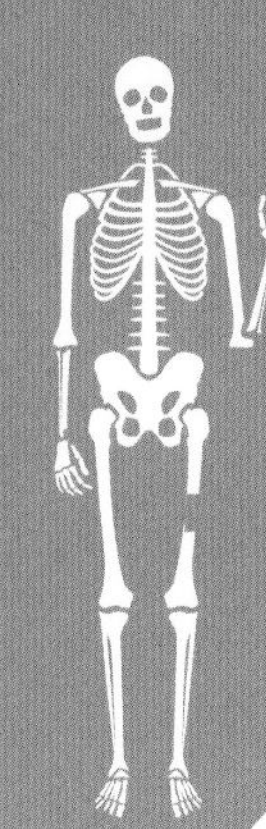

索引

致谢

多林·金德斯利公司谨向以下各位致以谢意：
Steve Crozier for photo retouching, Nic Dean for picture research, Sarah MacLeod for editorial assistance, and Helen Peters for the index.

本书出版商由衷地感谢以下名单中的人员提供图片使用权：
(Key: a-above; b-below/bottom; c-centre; f-far; l-left; r-right; t-top)

9 123RF.com: reddz (br). **Dorling Kindersley**: Linda Pitkin (bc). **10 Dorling Kindersley**: Geoff Brightling / Booth Museum of Natural History, Brighton (cr); Colin Keates / Natural History Museum, London. **11 Alamy Stock Photo**: Iakov Filimonov (cl). **Dorling Kindersley**: Andy Crawford / Courtesy of the Natural History Museum, London (br); Steve Gorton / Courtesy of Oxford Univerisity Museum of Natural History (tc); Alex Wilson / Booth Museum of Natural History, Brighton (cr). **Getty Images**: Les Stocker (clb/Barking deer). **12 Science Photo Library**: Steve Gschmeissner (tc); Susumu Nishinaga (tl). **15 Science Photo Library**: James Hanken (tr); Microscape (cr). Paul Tafforeau (ESRF)/La Ferme aux Crocodiles de Pierrelatte (br). **16 Getty Images**: Bettmann (bl). **Science Photo Library**: Microscape (tr). **17 Science Photo Library**: (growing hands). **19 NASA**: (crb). **Science Photo Library**: Steve Gschmeissner (cr). **23 naturepl.com**: Neil Lucas (tr). **touchpress.com**: (cra). **24 Alamy Stock Photo**: klovenbach (bl). **27 Corbis**: Matton Collection / Torb rn Arvidson (br); Matthias Breiter / Minden Pictures (c/Polar bear). **Dreamstime.com**: Olga Khoroshunova (tr). **29 Alamy Stock Photo**: The Natural History Museum (giraffe). **Photoshot**: NHPA (Gaboon viper). **touchpress.com** (lion, beaver). **31 © Bone Clones, boneclones.com**: (br/Babirusa). **Jean-Christophe Theil**: (crb/Mako shark skull). **43 Alamy Stock Photo**: RGB Ventures (cra); Rosanne Tackberry (crb). **Dorling Kindersley**: Rollin Verlinde (cr). **naturepl.com**: David Tipling (br). **45 123RF.com**: vincentstthomas (fcra). **Alamy Stock Photo**: epa european pressphoto agency b.v (fcr). **Corbis**: DLILLC (cra). **naturepl.com**: Jouan & Rius (br). **Photoshot**: Mint Images (cr). **Science Photo Library**: Gerry Pearce (fbr). **50 Dorling Kindersley**: Geoff Dann / Courtesy of SOMSO (cl). **51 123RF.com**: Jonathan Pledger (br). **Corbis**: Westend 61 GmbH (crb). **Science Photo Library**: Lawrence Livermore National Labatory (c). **56 Alamy Stock Photo**: Wavebreak Media Ltd (br). **58 Alamy Stock Photo**: Gallo Images (bl). **Corbis**: Frans Lanting (cl). **Getty Images**: Renaud Visage (fbl). **naturepl.com**: Bence Mate (clb). **60 Alamy Stock Photo**: blickwinkel (bc). **61 Alamy Stock Photo**: RosalreneBetancourt (tr). **62 Courtesy of Ekso Bionics**: (bl). **Touch Bionics**: (c/bionic hand). **63 Dreamstime.com**: Mikhail Druzhinin (bl). **Getty Images**: Bloomberg / Chris Ratcliffe (c); BSIP / UIG (br). **Science Photo Library**: James King-Holmes (tr). **Touch Bionics** (tl). **64 Alamy Stock Photo**: Edwin Baker (tr). **64-65 The Trustees of the British Museum**: (c). **65 Corbis**: Blue Jean Images (br). **Dorling Kindersley**: Colin Keates / Natural History Museum, London (c). **Kennis & Kennis / Alfons and Adrie Kennis**: (tc/Homo habilis reconstruction). **Science Photo Library**: Volker Steger (cr)

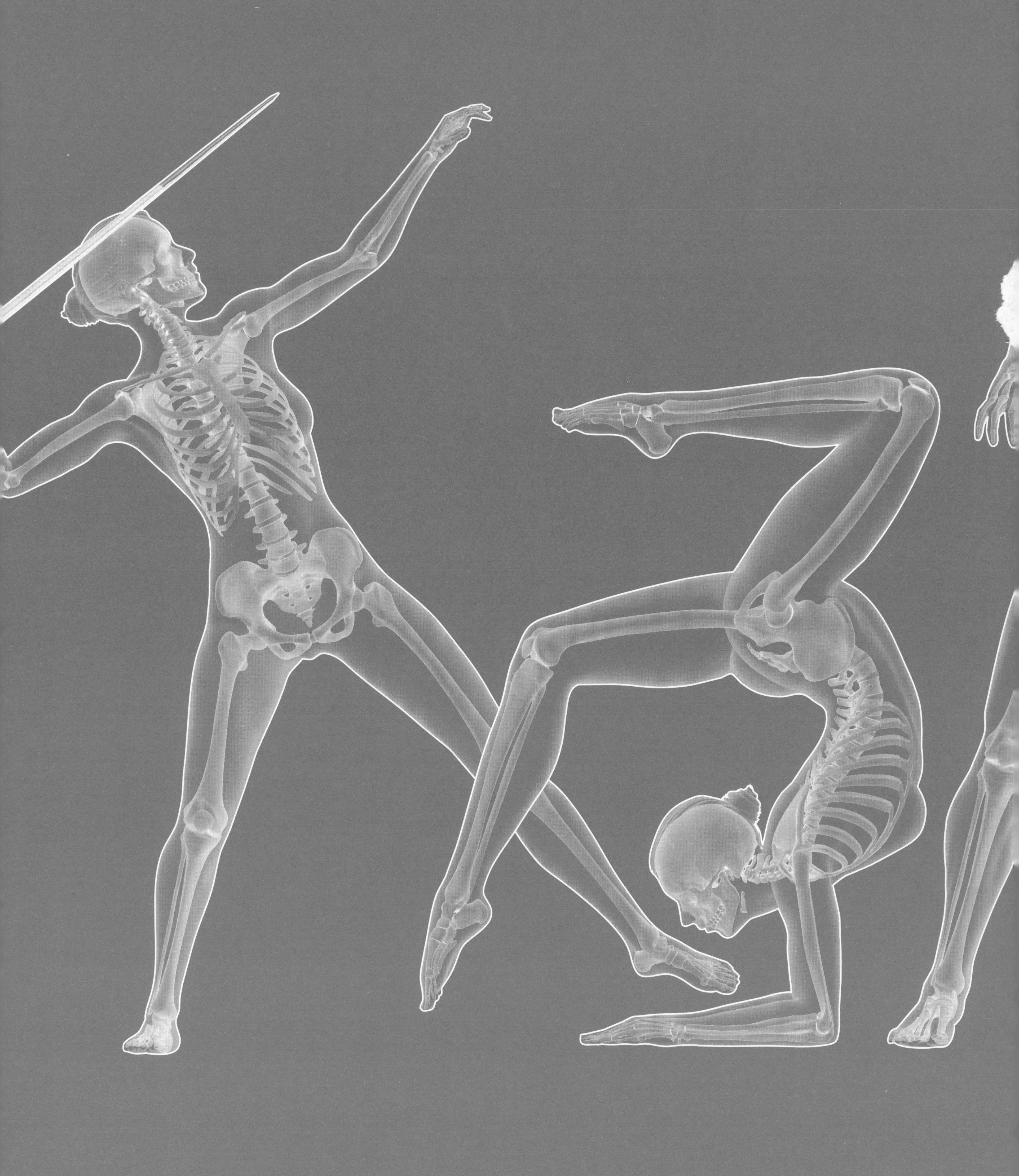